JN445544

헤어 일러스트레이션

이 기 명

메디시인

HAIR ILLUSTRATION

머리말

이 책은 뷰티산업에 종사하거나 헤어를 전공하는 사람들이 쉽고 빠르게 두상이나 얼굴을 스케치하여 창의적인 디자인을 시각화 하는 능력을 키우기 위한 헤어스케치(헤어일러스트) 실무서입니다.

이 책에서는 헤어디자인을 실제로 그리는 측면과 그 내용의 측면에서 창의적인 사고 능력을 동시에 향상시켜 아이디어를 시각화하기 위한 토대가 되는 헤어일러스트를 스케치하는 원리와 방법을 설명하였습니다. 또한 디자인 설계에 꼭 필요한 도해도, 고객과의 디자인 상담을 위한 도구로 창의적인 생각을 전개시킬 수 있는 능력을 훈련하는 데 많은 도움이 될 것입니다.

따라서 헤어일러스트(헤어스케치)를 배움으로써 시각적 요소를 통해 디자인 설계는 물론 표현력을 통한 고객에게 제안하는 능력을 향상시킬 수 있으며, 작업 처음부터 끝까지 드로잉으로 데이터베이스화하기 위한 능력을 키울 수 있습니다.

디자이너에게 아이디어란 어떻게 잘 표현해내는가 하는 문제보다 그 아이디어가 얼마나 창의적이고 목적에 합당한 것인가 하는 문제가 더욱 더 중요합니다. 또한 디자인은 위대한 예술가의 작업이 아니라, 수많은 미용인들의 현장에서 매일 매일 시술하며 창의력을 발휘하는 작업이라는 사실을 깨닫고 헤어살롱, 미용관련 교육기관, 뷰티관련 기업에서 많이 활용되어지길 바랍니다.

끝으로 헤어디자인의 발전을 위해 기꺼이 출판을 해주신 메디시언 사장님을 비롯한 임직원 여러분과 제가 지금까지 성장하는데 많은 도움을 준 아모스프로페셔널 교육담당 강사들과 팀아모스 크리에이터 선후배 강사들, 준오아카데미, 명지전문대 헤어전공 교수님, 서경대 미용학과 교수님들께 깊은 감사의 마음을 전합니다.

2016년 3월 1일

이 기 명

차례

PART 3 인간의 두상과 얼굴에 대하여

PART 4 얼굴 시각화에 대하여

차례

Part 1

헤어스케치(헤어일러스트)를 잘하는 노하우

1. 헤어스케치(헤어일러스트)를 잘하는 노하우

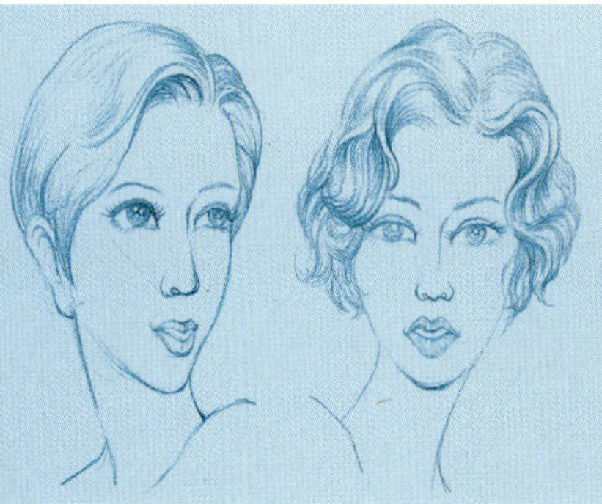

Part 1

헤어스케치(헤어일러스트)를 잘하는 노하우

1. 헤어스케치(헤어일러스트)를 잘하는 노하우

1. 헤어일러스트란?

헤어일러스트란 순수회화와는 달리 정보전달 기능, 예술적 기능, 기록의 기능을 가진 창조적이고 예술적 가치가 있는 미용예술 분야의 한 분야이다. 분명한 개념을 가진 목적 지향적 그림의 시각언어로 전달하고자 하는 내용들을 함축하고 있다. 아이디어의 전개과정이나 창조적 예술을 하는 사람들에게 꼭 필요한 독립된 예술장르이다.

헤어일러스트의 특징을 보면 구조를 단순화하고 두상의 불필요한 부분과 무의미한 부분을 생략해서 전달하고자 하는 부분을 명확하게 전달한다. 따라서 헤어일러스트을 잘해야 정확한 메시지를 전달할 수 있다.

헤어일러스트과 드로잉에 보여지는 두상은 디자이너의 의지대로 생략, 반복, 위치나 방향의 전환, 부분의 모순된 결합 등을 통해 과장된 형상으로 나타난다.

2. 헤어디자인에 헤어일러스트가 왜 필요한가?

미용 산업이 학문으로 발전 계승되려면 프로세스를 체계화하고 이를 지속적으로 업그레이드 해야 한다. 이를 위한 기본이 디자이너들의 생각이나 경험치를 시각화하여 데이터화 하는 것이다. 이 때 중요한 것 중에 하나가 정확한 이론을 근거로 하는 정확한 드로잉 스킬이다.

어떤 스타일을 디자인하려면 내가 생각하는 아이디어를 빠르고 정확하게 시각화할 수 있어야 고객과의 소통의 툴로 사용한다거나 디자인을 실제 작업하기 전에 렌더링을 함으로써 시간과 비용을 절약할 수 있다. 따라서 헤어일러스트는 헤어디자인에 대한 다양한 정보를 시각화하여 커뮤니케이션에 도움이 되고, 프로세스를 체계화 하고 이를 데이터화 하는데 밑거름이 될 것이다.

3. 헤어일러스트가 미용에 어떻게 활용되는가?

헤어일러스트가 미용에 활용되는 방법은 크게 4가지로 구분된다. 첫째는 미용을 처음 접하는 예비 디자이너들이 미용교육을 제대로 받고 강의내용을 정확하게 서술하고자 할 때이다. 또는 디자이너로서 고객시술에 활용하는 컷, 펌, 염색, 업스타일의 설계도면에 다양하게 활용된다. 이는 미용이란 직업이 섬세하고 디테일 해야 하기 때문에 바르고 정확하게 프로세스해야 한다.

둘째는 디자이너가 되어 고객에게 카운셀링을 위한 상담 매뉴얼로 활용하는 스피드 드로잉 기법이다. 디자이너가 고객과의 상담에서 커뮤니케이션 툴로 변경될 디자인 내용을 구체적으로 시각화하여 보여줄 수 있기 때문이다.

셋째는 머릿속에서 떠오르는 디자인이나 아이디어를 바로 시각화 할 수 있는 아이디어 발상과 표현 기법이다. 이는 헤어쇼에서 조형성을 가미한 다양한 스타일을 쇼 테마에 맞게 아이디어 발상과 표현을 하는 것이다. 마지막으로 헤어와 예술을 접목한 헤어아트 기법으로서의 헤어일러스트로 나뉠 수 있다.

첫째, 미용을 시작해서 디자이너로 성장하기까지 다양한 설계도에 활용

미술대학 졸업 후 회사에서 디자인관련 업무를 할 때 디자인 프로세스엔 항상 아이디어 스케치가 있어서 시각화하는 방법에 배료되있는데 헤어에서는 드로잉에 의한 디자인이나 도해도를 자세하게 그리지 않아 미용을 배울 때 많은 어려움을 겪었다. 디자이너에서 현재 미용관련 강의를 하기까지 컷트, 펌, 컬러, 드라이, 업스타일 등 다양하게 적용할 수 있는 헤어일러스트 드로잉 기법이다.

둘째, 빠른 스피드 드로잉 기법 활용

두상 도해도에서 필요로 하는 평면도, 정면도, 측면도, 반측면도, 배면도를 각각 1분안에 그리고 전체 도면의 두상을 총 5분 안에 그릴 수 있는 기법을 말한다. 이를 바탕으로 스피드 드로잉을 이용하여 고객이 원하는 헤어스타일을 심플하게 표현하는 것이다. 이는 3차원 입체를 보는 각도에 따라 그린 것으로 뷰티산업에 종사하는 모든 분들에게 꼭 필요한 드로잉 기법이다.

셋째, 창조적 아이디어 발상과 표현기법 활용

트랜드 발표나 신제품 홍보를 위한 각종 헤어쇼에 많이 활용되는 것으로 추상적인 차원에서 논리적 연관성을 통해 창조적인 아이디어를 갖는다. 이 드로잉은 미용학과 학생들의 조형화 전 드로잉 기법이고, 헤어디자이너나 메이크업 아티스트들이 고객의 스타일을 디자인 하고자 할 때, 뷰티산업체의 창의적인 디자인을 원하는 분들에게 꼭 필요한 드로잉 기법이다. 창조적인 아이디어가 시각화 되지 못할 때 시간과 비용이 소비됨은 물론 모방과 카피가 넘쳐나게 된다.

넷째, 헤어와 예술을 접목한 헤어아트기법 활용

헤어디자이너들의 아티스트적인 감성을 키우는 방법 중 하나로 헤어의 소재를 이용한 디자이너의 감성이 주가 된다는 것과 예술성 있는 작품으로 인정받는 다는 특징을 갖고 있다.

앞서 언급한 스피드 드로잉 기법과 창조적 아이디어 발상과 표현 기법은 짧은 시간에 시각화하는 방법이고 헤어아트로서의 헤어일러스트는 작품성을 중요시 여기기 때문에 시간적 제약에서 자유롭다. 이렇듯 헤어디자이너들의 풍부한 상상력과 감정의 이입 등을 통한 감성은 예술적인 작품으로 승화되는 것이다.

4. 왜 미용에는 도해도가 필요한 것인가?

세계가 글로벌화 되면서 활발한 문화교류로 아름다움에 대한 생각이 다양화, 개성화 국제화 되고 있다. 고객의 스타일 또한 다양화 되고 있는데 제한된 시간 안에 고객의 니즈에 어떻게 대응할 것인가? 이를 해결하기 위해선 추구하고 있는 디자인에 대하여 테크닉을 스피드하고 체계화 되게 만들고 구조를 이미지화 할 수 있는 것이 필요하다.

디자인을 빠르게 이해하고 현실성 있는 디자인으로 전환할 수 있다면 단시간에 효율적으로 정확한 시술을 할 수 있다. 이런 스킬을 마스터 하기 위한 것으로 전개도를 그리는 기술 필요하다.

전개도를 그림으로써 분석력과 상상력 2가지 능력을 익힐 수 있다. 전개도를 그리기 위해서는 각 아웃라인, 슬라이스 방향성, 기타 다양한 분석을 할 필요가 있다. 다만, 이와같이 요소별로 구조를 관찰함으로써 언뜻 보면 복잡하게 보이는 디자인도 분식과 계산이 하기 쉬어진나. 그 결과 디자인을 이해하는 힘이 몸에 익혀지게 된다.

여기 소개하는 전개도는 기본을 이해시키기 위해서 철저하고 알기 쉽게 해설한다. 지금까지 전개도가 어렵다고 생각했던 사람도 헤어디자인을 보고 전개도를 이미지화 하는 습관을 드리는 것이 필요하다. 중요한 것은 전개도를 그릴 수 있는 것이 아니고 전개도를 통해서 디자인의 구성을 머릿 속에서 이미지 할 수 있게 되는 것이다.

Part 2

드로잉 전에 알아야 할 사항

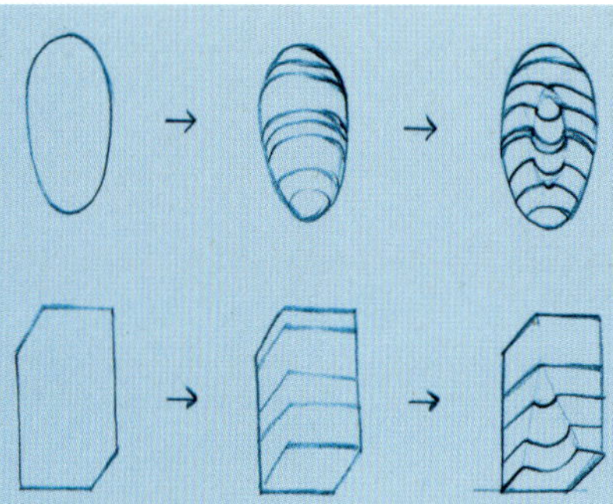

Part 2

드로잉 전에 알아야 할 사항

1. 준비물

자기 개성과 철학을 시각적으로 표현하는 회화와는 달리 헤어일러스트레이션은 고객과의 상담이나 표현을 시각적으로 표현하기 때문에 많은 준비는 필요치 않다.

주위에 가장 흔하고 사용하기 편리한 4B연필, 지우개, 화판, 16절 도화지, 칼, 자, 집게, 필통 등이 필요하다.

화판은 3절 화판으로 하고 연필은 4B연필로 길게 깎고 연필심의 끝을 뾰족하게 하지 않는 것이 좋다. 지우개의 반을 사선으로 커팅하여 준비한다. 집게는 4개정도로 하고, 종이는 16~8절 스케치 사이즈 준비한다.

2. 연필 잡는 법

헤어디자이너가 되려고 가위를 처음 잡았을 때 이불 위에서 가위를 잡고 돌리는 연습을 수없이 했던 기억이 있다. 이는 가위가 신체의 일부처럼 친숙해져야 손도 다치지 않고 내가 원하는 형태를 자유자재로 만들 수 있기 때문이다. 연필도 손의 연장선상에 있는 내 신체의 일부처럼 친숙해지지 않으면 마치 사이즈가 맞지 않는 운동화를 신고 달리기를 하는 것 같이 매우 불편해진다. 따라서 기회 있을 때마다 연필을 이용하여 낙서하는 연습을 해야 한다.

그럼 연필 잡는 방법에 대해 알아보자. 연필은 엄지와 검지로 잡는 것을 기본으로 하고 나머지 손가락은 보조역할을 한다.

엄지와 검지를 이용하여 선의 강약을 조절하고 다양한 질감을 표현한다.

그림을 그릴 땐 힘을 빼고 그림의 크기에 따라 손목을 이용하여 선을 그어야 한다. 단, 그림을 크게 그릴 경우 팔까지 활용한다. 선은 효과적인 스케치를 하는 드로잉의 기본으로 연필심을 이용하여 각도의 변화에 의한 굵은 선에서 가는 선까지 다양한 느낌의 선을 표현해보자.

연필을 잡는 방법은 그리는 용도에 따라 3가지 정도로 다양하게 잡을 수 있다.

1. 엄지와 검지를 이용하여 팔과 일직선이 되도록 잡는다.

2. 세부적으로 묘사하고자 할땐 연필을 짧게 잡고 아주 정교하고 세밀하게 그린다. 이 때 새끼손가락을 화면에 받쳐 연필선이 손에 의해 지워지지 않도록 해야 한다. 새끼손가락이 받침대 역할을 하여 그림이 훼손되는 일이 없도록 한다.

3. 그밖에 다양한 손동작

3. 명도 10단계

음악을 보면 음의 높낮이에 따라 옥타브가 있듯이 연필에도 가장 엷은 톤부터 진한 톤까지 다양한 명도가 존재한다. 그림을 잘 그릴려면 이 적절한 명도를 다양하게 활용하는 것이 좋다.

명도 10단계는 연필 톤의 단계를 구분한 것으로 가장 밝은 부분부터 가장 진한 부분까지 10단계로 나누어 표현하였다. 명도의 진한 정도에 따라 사물을 나타내기 전에 어떻게 적용할 것인가를 알아보는 것으로 입체감, 명도, 거리감 등을 표현하는 데 적용된다.

명도 10단계를 옆에다 놓고 그리고자 하는 대상을 관찰해 보면서 가장 어두운 곳과 가장 밝은 곳을 파악하여 톤끼리 비교하면 진행과정과 그림의 완성도를 높일 수 있다.

명도 10단계를 그리는 방법을 보면 가장 밝은톤 먼저 진행하고 점점 어둡게 진행해 나간다.

연필선의 방향은 느낌에 따른 방향성을 달리해야 톤의 밀도감이 좋아진다.

명도 10단계

4. 사물의 위치에 따라 눈에 보이는 다양한 형태

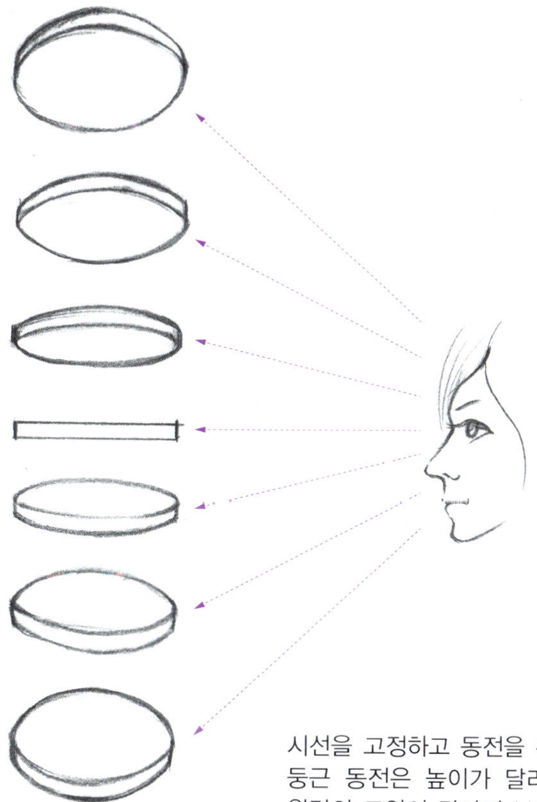

시선을 고정하고 동전을 위 아래로 이동하면 둥근 동전은 높이가 달라짐에 따라 밑면과 윗면의 모양이 달라져 보인다.

5. 투시도

3차원 입체 대상물을 2차원의 종이에 평면적으로 표현하려는 화법으로 물체가 멀리 보이고 가까이 보이는 것에 따라 크기, 비례가 맞아야 하며 그리는 방법은 그림과 같다.

투시도는 건물이나 가구를 그릴 때 많이 사용하는 도법으로 스케일이 큰 경우 활용하기 용이하다. 투시는 크게 3가지로 구분 하는데 1점 투시, 2점 투시, 3점 투시가 있는데 헤어일러스트에서는 2점투시를 가장 많이 사용한다.

시점(눈높이)에 따라 사물을 바라보는 위치가 다르다. 즉 시점이 눈높이와 비슷한 경우와 시점이 높은 경우, 시점이 낮은 경우 이렇게 3가지로 나뉜다.

헤어스타일을 그릴 때 거의 눈높이와 같은 시점에서 보고 그리기 때문에 안정감이 있어 보이나 시점을 달리하면 다양한 포즈가 표현된다. 머리의 탑 부분을 구체적으로 그리고 싶을 땐 시점을 높이고, 코에서 턱으로의 길이가 짧아진다. 반면 시점이 아래에 있으면 턱 아랫면이 보이고 코에서 머리까지의 길이가 짧아진다.

1점투시도

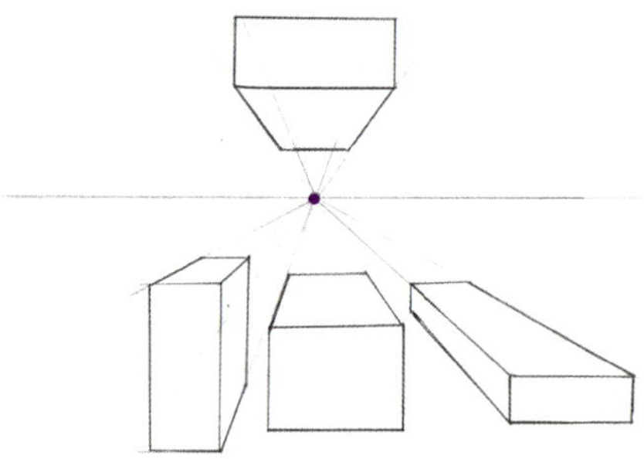

2점투시도

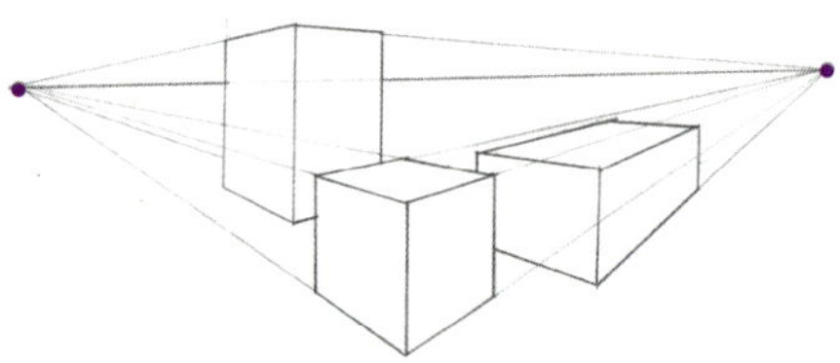

3점투시도

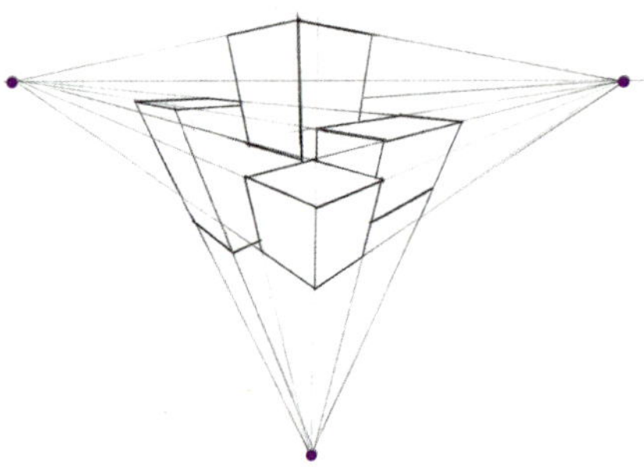

6. 빛과 그림자

빛의 근원(Light source)

처음에 발광원(태양/전구/형광등 등등)이 빛을 내면 사방으로 날아간 빛이 사물에 부딪혀 반사된다. 이때 물질마다 파장별로 반사율이 다르기 때문에 빛의 명도와 색의 차이가 나타난다. 반사, 굴절, 간섭, 회절 및 도플러효과(Doppler effect) 등 파동의 특징을 보인다. 파장이 비교적 짧아 직진하며, 다른 매질의 경계면을 만나면 일부는 반사되고 일부는 굴절된다.

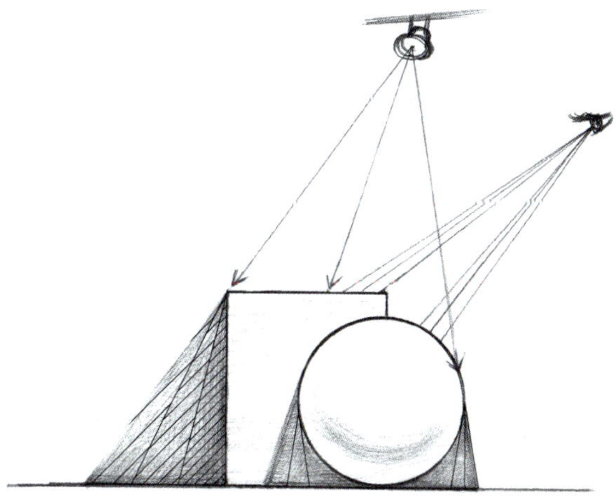

그림자는 항상 광원의 반대쪽 즉 물체가 광원을 향하고 있을 때 물체의 뒤쪽으로 생긴다. 따라서 빛은 직진한다는 것을 알 수 있다. 하지만 물체의 가장자리를 통과하는 빛은 회절하기 때문에 직선으로 만들어진 그림자 안쪽으로 약간 밝은 부분이 생긴다. 이렇게 빛이 회절하거나 약간의 빛이 통과하여 밝게 생긴 그림자는 반그림자, 빛이 전혀 닿지 않는 부분은 본그림자라고 한다.

반그림자는 광원이 물체보다 크고 멀리 있을 때 쉽게 살펴볼 수 있다.

7. 점, 선, 면, 입체에 대하여

1. 점이란?

위치만 가지고 있는 조형의 기본단위

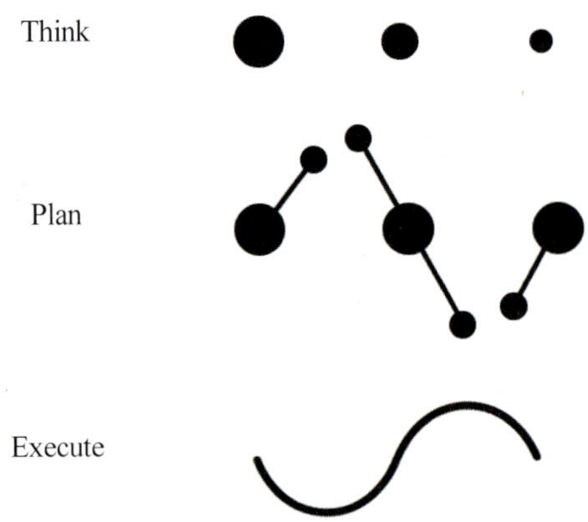

헤어에 있어 점이란?

밤하늘의 별을 보면 하나의 점으로 보인다. 그러나 실제는 어마어마한 크기의 커다란 어떤 형태를 띠고 있는 입체의 행성일 것이다. 이는 점이나 면이나 입체의 판단은 인간의 시각에 의해서 그 의미가 한정지어지며 이러한 판단의 기본 토대가 되는 것은 시각적 차이에 의해서이다. 이러한 시각적 판단이 거리에 따라 구분되어 진다고 볼 수 있다. 예를 들면 머리카락의 길이가 어떤 때는 점으로 보이거나 선으로 보일때가 있다.

2. 선이란?

점이 연속되어 이루는 기본 조형 요소로 움직이는 점의 궤적이다. 위치와 방향을 지니고 있어 무수한 점들의 연속이라 한다. 선은 길이, 방향, 흐름, 연결, 움직임의 성격을 가진 조형의 기본요소이다.

선은 직선과 곡선으로 나눌 수 있고, 곡선에는 수학적 규칙이 있는 기하학적 선과 그렇지 않은 불규칙한 자유곡선으로 나눌 수 있다.

우리가 사용할 선은 직선과 곡선인데 그중에서 자유곡선을 이용하여 드로잉 하고자 한다.

따라서 불규칙한 자유곡선을 이용하여 굵거나 얇은 선, 납작하거나 날까로운 선, 빠르거나 느릴 수도 있는 느낌의 선, 강하거나 약하거나 한 선 등을 이용하여 다양하게 표현할 것이다.

선 연습

노래를 배우기 전에 목을 풀고 공연을 하듯이 헤어일러스트를 배우기 전에 항상 손을 풀어 선이 자유롭게 표현될 수 있도록 하여야 한다. 먼저 손에 힘을 빼고 내가 의도한 곳으로 선을 터치하기 위하여 꾸준하게 연습하는 것이 좋다. 초보일 경우 틈날 때 마다 끝임없이 노력해야 선이 힘의 강약에 의한 톤 조절과 함께 디테일한 세부묘사를 잘할 수 있다.

연필을 지면으로부터 90도로 선을 긋는 경우와 45도 뉘어서 긋는 경우 15도 정도 기울여서 긋는 선의 느낌은 다 다르다. 선을 반복하여 터치할 때 촘촘히 반복하는 경우와 간격을 조금씩 띄우며 긋는 방법이 있다.

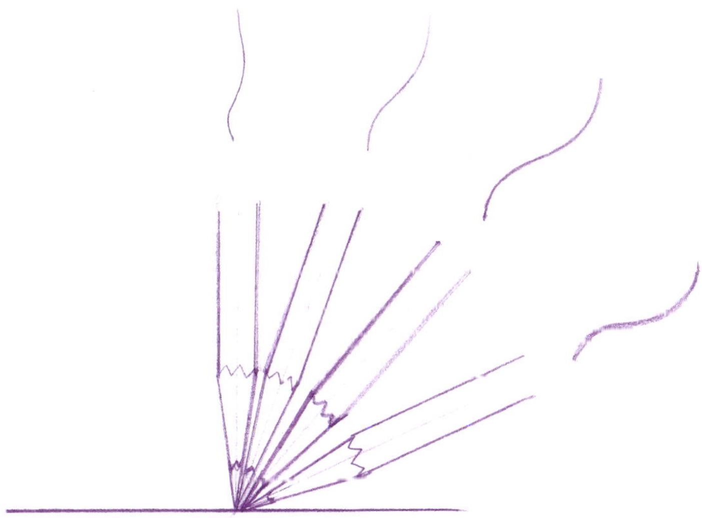

연필을 가볍게 쥐고 좌에서 우로 직선의 수평선을 긋는다. 두번째로 위에서 아래로 긋는다. 셋째로 좌에서 우로 45도 사선으로 긋는다. 넷째로 물결모양을 긋는데 똑같은 파동으로 긋는다. 약간 간격을 두어 엇갈리게 긋는다.

마지막으로 정반대 파장으로 하여 선을 긋는다. 여기에 일정한 속도를 반복하여 연습하는데 경우에 따라 강약을 주어 긴장감과 속도감, 무게감을 표현하는 등 선의 다양한 맛을 느낄 수 있다.

직선연습

수평선

넓이를 나타내는 기능적인 요소로 평온하고 안정감이 있다. 헤어에선 업스타일에 많이 연출되며 확장성이 내포되어 있다.

수직선

높이를 나타내는 기능적 요소로 헤어에선 머리카락이 네츄럴 폴에 의해서 두상에서 자연스럽게 연출되어 나타난다.

사선

기울어져 있는 성질로 무게감의 이동이나 상승, 하강 등 동적 운동감이 표현된다. 헤어에선 업스타일이나 드라이에서 연출되어 진다.

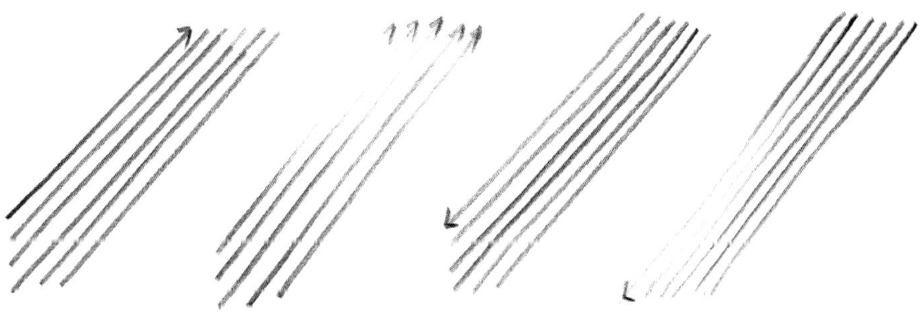

곡선연습

곡선은 일반적으로 부드럽고 우아한 여성적인 느낌을 준다. 자유곡선과 정리 된 곡선 등에 의한 적절한 곡선 사용은 공간의 윤택함을 살려 준다.

웨이브 1 웨이브 2 웨이브 3

3. 면이란?

선이 겹쳐 모여서 이루는 표면, 선으로 둘러싸인 경계선 내부의 평평한 표면으로 면과 면이 모여서 입체가 된다. 선으로 둘러싸인 경계선 내부의 평평한 표면으로 길이와 폭을 가지며 방향과 위치를 갖는다.

헤어에 있어 면의 의미는 두상을 기준으론 커트나 펌을 하기 위해 판넬을 잡고자 섹션을 나누어 나타나는 면을 나눌 때, 또는 두상의 평평한 부분의 지역, 머리카락을 기준으론 커트 되어진 머리카락들이 모여서 하나의 면을 형성하는 부분, 머리카락의 길이에 형성된 면을 이루는 부분 등을 나타낸다. 면의 종류를 보면 삼각형, 사각형, 다각형, 원형, 타원형 등이 있다.

면 분할에 대해

규칙적인 분할, 규칙속의 변화, 면의 크기의 변화, 서로 다른 형태의 변화 등이 있다.

면의 다양한 형태

원, 삼각형, 사각형, 다각형 등을 나열하여 그려보자.

4. 입체란?

입체란 여러개의 평면이나 곡면의 경계들이 모여서 이루는 윤곽에 의해 보여지는 사물의 3차원 모양을 말한다. 면이 모이는 숫자와 형태에 따라 원기둥, 각기둥, 원뿔, 구 등 다양하며 면이 많은수록 디테일해지고 곡면(환)으로 바뀐다. 입체란 만져보면 면을 이루고 부피와 형태를 가지고 있으며 빛의 조명에 의해 그림자들을 가지며, 이러한 그림자는 입체를 더욱 강하게 보여준다.

5. 형태란?

형태는 자연형태, 인공형태, 추상형태로 나뉘는데 그 중 헤어는 인간이 아름다운 미를 창조하는 필요에 의해서 만들어 내는 모양으로 부피, 구조를 갖는 형태와 패턴을 이야기 한다. 형태는 현대사회에서 인간이 만들어 놓은 수많은 패턴들로 미용에서 표현되어지는 인공형태에 의해 지속적으로 창조되어지고 있다.

8. 원, 원기둥, 사각기둥, 팔각기둥 그리기, 양재(볼륨감)

1. 원 그리기(기초도형)

두개골은 원의 형상을 하고있으며 두상 전체 머리뼈의 2/3이상을 차지한다.

따라서 두상을 표현하고자 할 땐 구 또는 원을 자유자재로 그릴 줄 알아야 하고 두상의 방향성에 따라 원 형태가 달라져야 한다. 두상을 그리고자 할 때 가장 많이 사용되는 것이 구(원형)으로 인물 드로잉을 잘 할려면 원 드로잉을 반복하여 연습해야 한다.

원을 잘 그리려면 먼저 원의 사이즈와 같은 길이의 사각형을 그린다. 다음 각 모서리를 대각선으로 연결하여 중심을 확인한 후 각 면의 가운데를 직선으로 연결하면 작은 사각형 4개가 만들어 진다. 처음 그린 4각형의 네변의 중심을 원으로 연결하면 원이 그려진다. 즉, 원을 그리려면 사각형으로 그리면 정확하게 그릴 수 있다.

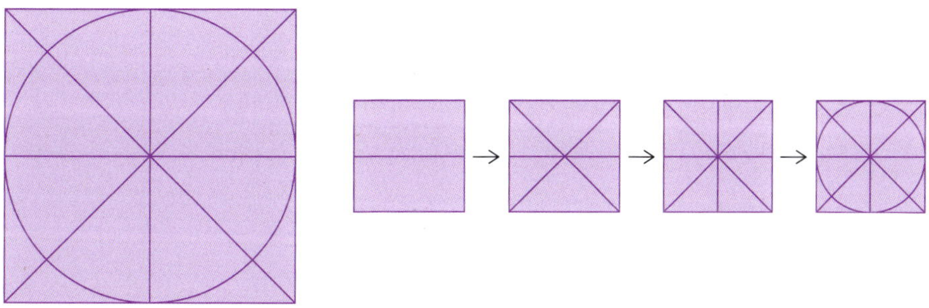

원작도법

아래 그림은 타원을 그릴 때 사용하는 기법으로 원의 중심이 생각한 것 보다 뒤쪽에 위치해 있다.

따라서 원을 그릴땐 사각형을 생각하라.

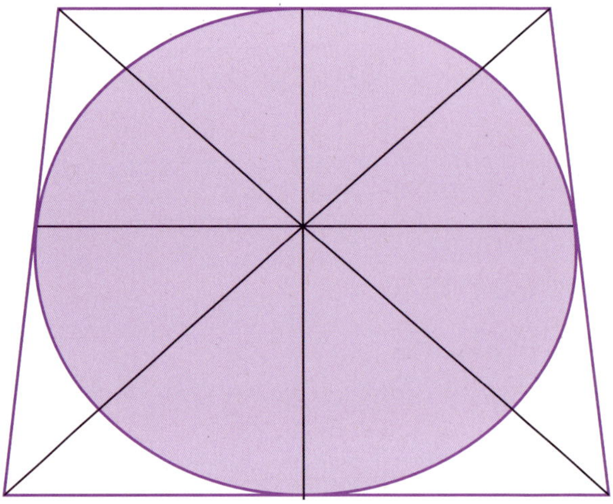

타원작도법

사각형의 분할

다양한 형태의 도형을 드로잉하려면 가장 기본이 되는 사각형이 많이 활용되고 있다. 따라서 아래와 같이 그리려면 정사각형을 정확하게 분할하여 표현한다. 원하는 형태를 정확한 규격에 의해 반복적으로 확대, 축소하여 그리고자 할 땐 사각형 분할을 이용하면 된다.

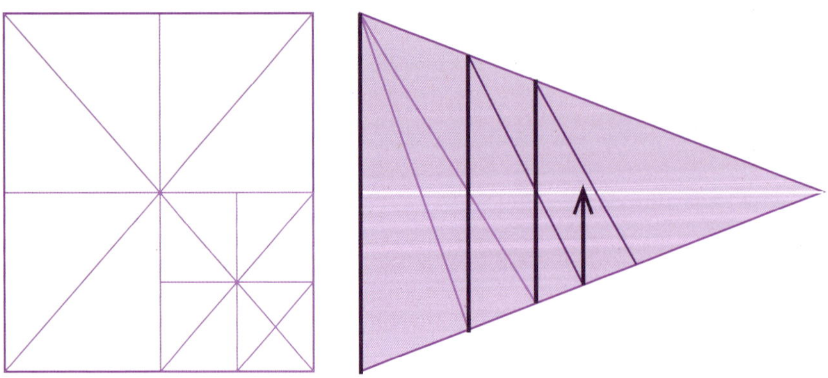

사각형 분할

2. 원기둥 그리기(기초도형)

원기둥은 사람의 목 부분을 표현할 때 드로잉 원리로 활용하면 좋다.
특히 얼굴의 포즈가 바뀌면 목 부분의 형태도 원기둥에서 다양한 느낌으로 표현된다.

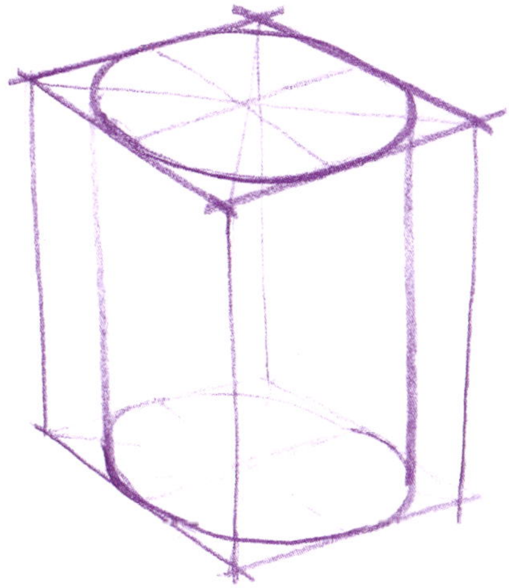

3. 사각기둥 그리기

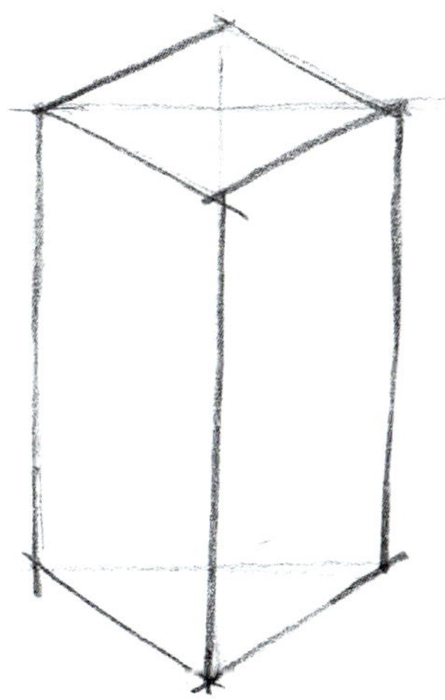

4. 팔각기둥 그리기

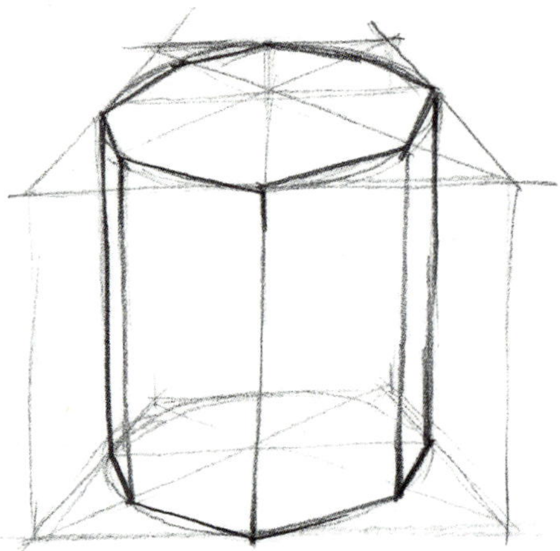

5. 양재(볼륨감)

볼륨감, 부피감의 성격을 가진 소재를 양재라고 합니다. 주위에서 흔히 볼 수 있는 대부분의 사물들은 구, 육면체 원기둥을 기본 구조로 가지며 일정한 넓이와 높이 그리고 명암의 변화가 있어야 부피감을 나타낼 수 있다. 사물은 양재에 따라 팽창과 축소의 느낌이 사물속에서 느껴지는 힘의 방향으로 나타난다.

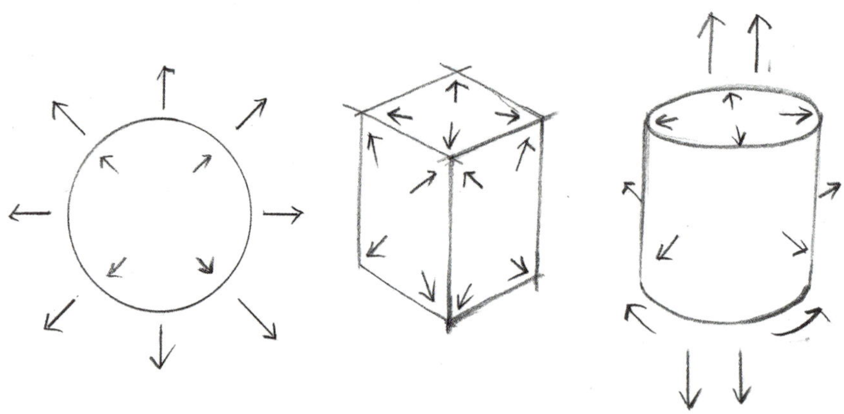

9. 물체의 시각화

두상을 그리기 전에 알아야 할 사항

아래의 여러 가지 물체의 평면도, 정면도, 측면도가 그려져 있다. 이 도면을 보고 3차원 입체물로 표현하는 법을 배워야 한다. 즉 2차원적으로 그려진 평면도, 정면도, 측면도를 보고 3차원을 알아볼 수 있어야 한다.

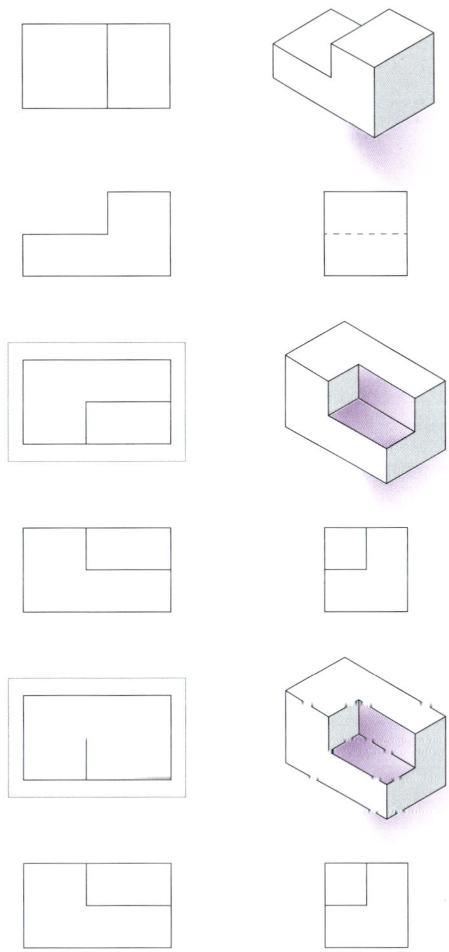

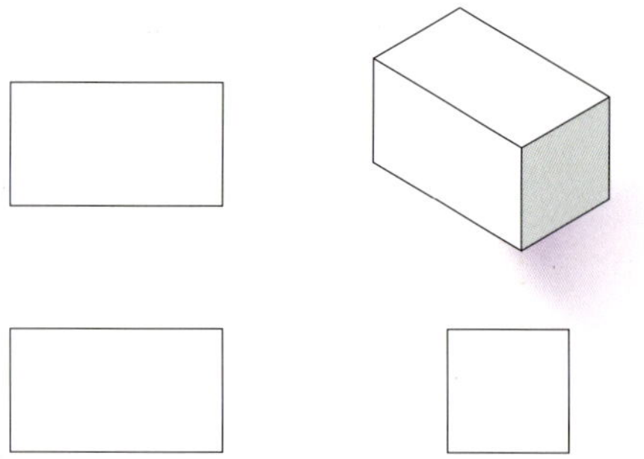

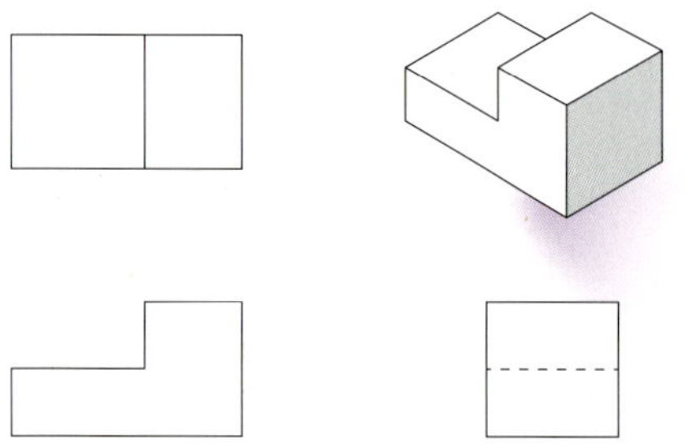

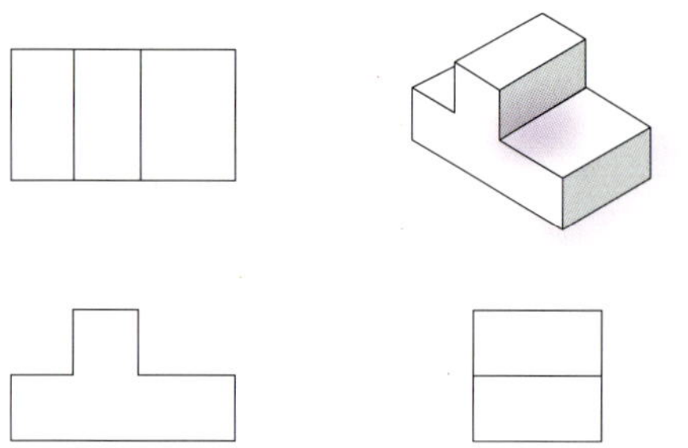

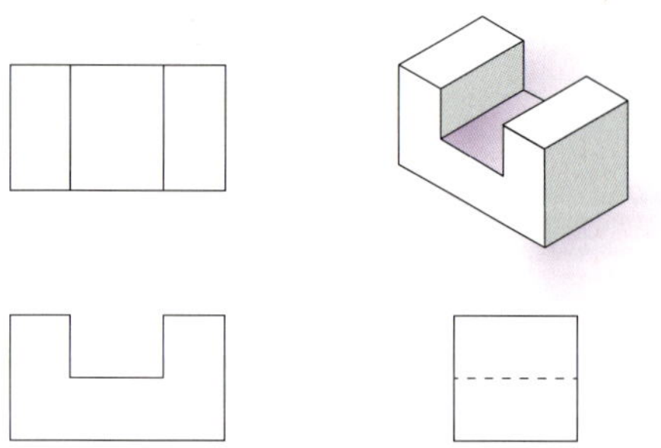

10. 정리된 모듈화법 -그리드

그리드 : 그리드는 사물을 확대 또는 축소할 때 활용하는 투시도법으로 그림을 그릴 때 활용된다. 헤어의 커트 도해도나 입체 도해도에서 그림을 다양하고 정확하게 축소 또는 확대해서 그리고자 할 때 스케일의 변화는 가능하면서 정확한 두상을 그릴 수 있다.

가로모듈(수평적 공간분할 적용)
헤어스타일에서 길이를 측정하고 섹션에서 활용

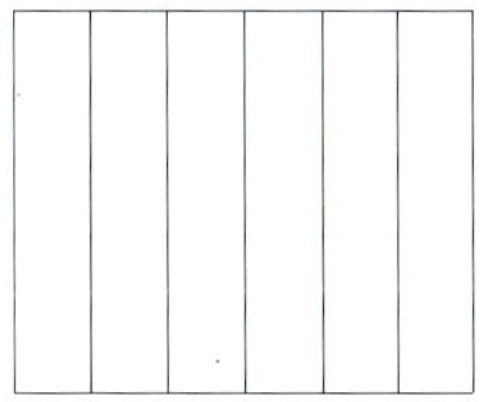

세로모듈(수직적 공간분할 적용)
헤어스타일에서 넓이를 측정하고 섹션에서 활용

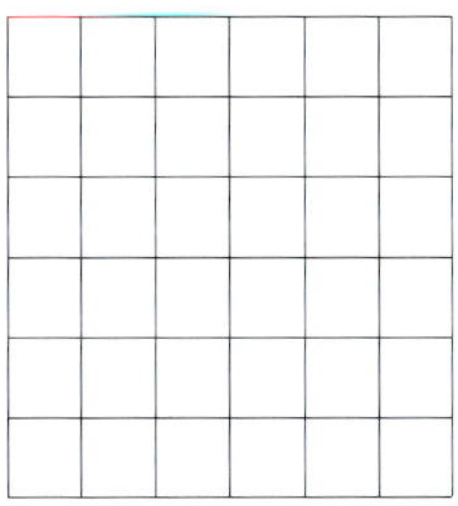

정방형 공간모듈(공간적 면적분할 적용)
사각 섹션, 헤어일러스트 드로잉 시 활용

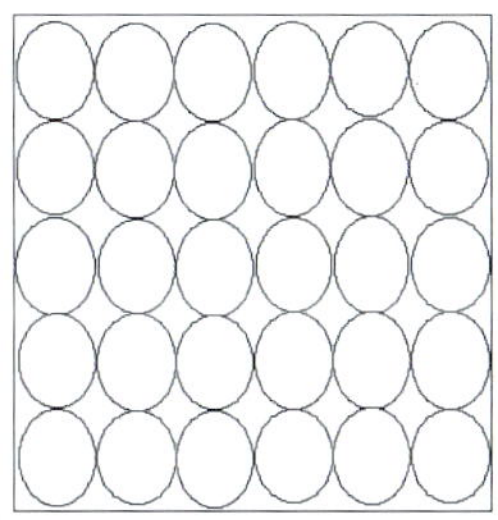

원형모듈(곡선적 면분할 적용)
헤어디자인 시 원형섹션, 업스타일에서 활용

11. 윤곽 드로잉

사물을 종이에 그릴 때 어떤 사물에 대하여 선만 사용하여도 의미 있는 그림을 완성 할 수 있는데 이렇게 이미지의 주요 요소가 선인 그림을 포괄적으로 드로잉이라고 한다.

윤곽 드로잉 : 사물의 윤곽선 또는 표면을 둘러싸고 있는 선으로 이 윤곽선은 2차원적인 이미지를 3차원으로 보여줄 수 있는 입체적인 묘사기법이다.

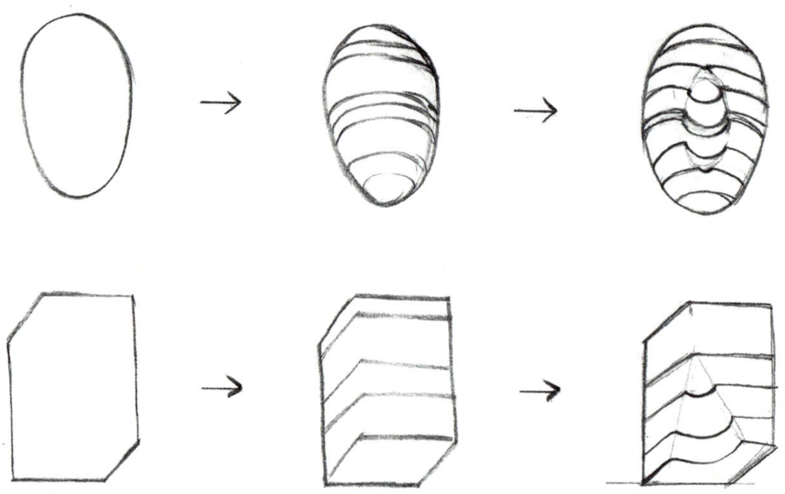

인체부분 표면 표현해보기

12. 그림자 그리기

그림자에 대해

미술을 전문적으로 배우지 않은 사람들이 그림자까지 표현한다는 것은 매우 어렵게 느껴진다. 그림자의 원리는 참 간단하다. 그림자란 빛을 받아 물체에 부디쳐 나타나는 삼각형의 밑변이다.

그림자 그리는 과정에 대해 간단하게 알아보고자 한다.

그림자 그리는 과정은 간단하다.

① 빛이 비치는 각도를 결정한다.

② 물체의 모서리마다 삼각형을 그린다.

③ 삼각형의 밑변을 연결한다.

④ 그림자 부분을 어둡게 칠한다.

원기둥 그림자　　사각기둥 그림자　　곡면 그림자

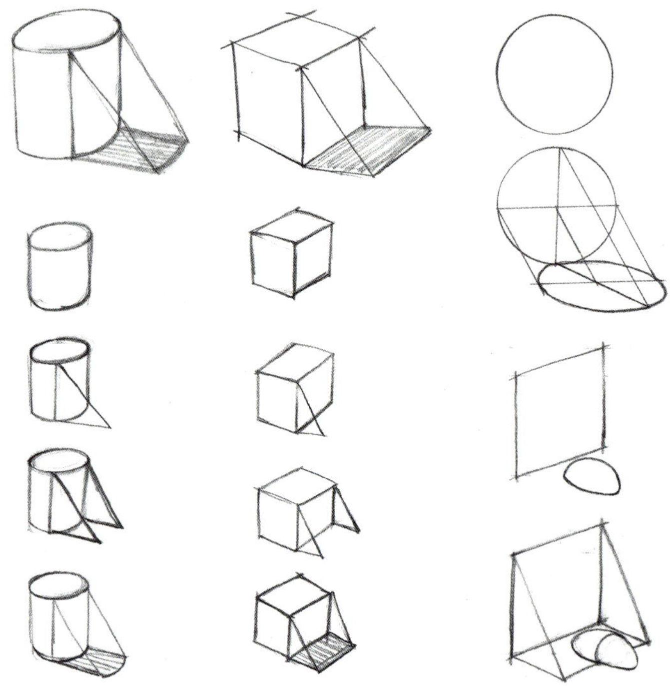

13. 사물 단순화에 대하여

여러분이 아래 그림을 언어나 문자로만 고객에게 전달해야만 한다면 어떻게 표현할 것인가? 사진속 소년의 모습부터 의상, 행동, 뒤 배경에 이르기까지 많은 양의 단어를 사용하여 묘사해도 정확한 사진 속 모습을 전달하지 못할 것이다.

또한 다른 사람에게 언어가 아닌 문자로 전달한다면 아마도 더 많은 양의 단어가필요로 할 것이다. 이처럼 말이나 글로 설명하는 것은 상대방이 이해하기 어렵다. 타인에게 제 2의 언어인 그림을 이용하여 설명한다면 간단하게 전달할 수 있을 것이다. 이렇듯 고객이 원하는 헤어디자인이나 내가 하고자 하는 디자인을 상대방에게 보여주기 위해선 디자이너는 두상을 쉽고 빠르게 표현하고 그 위에 아름다운 미를 표현해야 할 것이다.

우리가 나무를 잘 그리려면 나뭇잎을 그리기 전에 전체 형태 즉 아웃라인을 보고 다음엔 나뭇가지를 보고 또 나뭇가지에 덩어리져 있는 나뭇잎들을 봐야한다. 그리고 그 위에 세부묘사를 해야한다.

헤어일러스트도 나무를 그리는 것과 마찬가지이다. 스타일을 드로잉 하려면 모발의 길이에 따라 형태가 다양하게 나타나기 때문에 먼저 모발의 길이를 체크하고 두상이 있으면 페이스라인에서 네이프의 버릇모를 확인하고 부위별 모발 양과 모류, 모질의 성장 패턴을 확인한다. 또 원하는 스타일 길이의 조건에 따라 원랭스, 그라데이션, 레이어를 스타일에 맞추어 드로잉한다.

그림 2-1 나무 그리는 방법

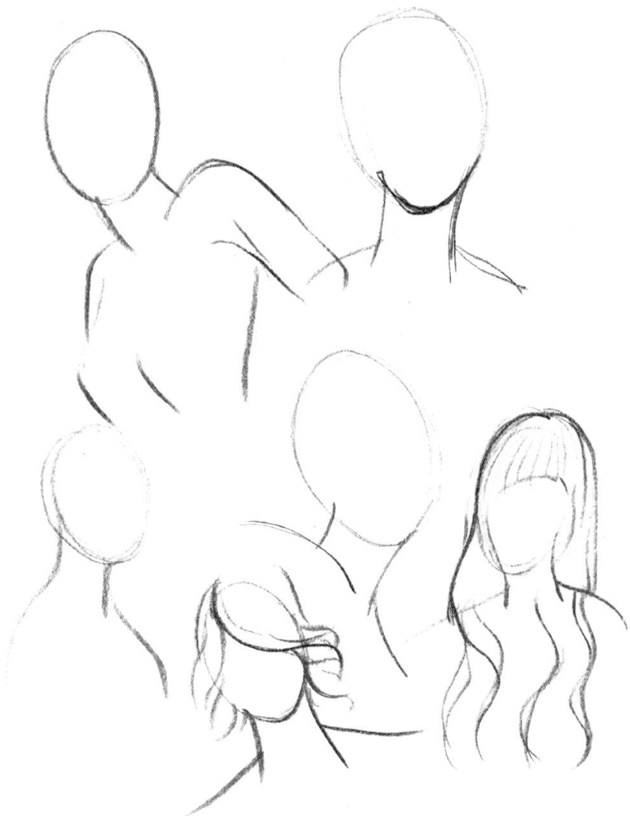

그림 2-2 스타일 단순화 그리기

헤어스케치도 한그루의 나무를 그리는 것과 매우 흡사하다. 만약 고객의 겉모습만 보고 그림을 그린다면 초상화나 인물 스케치 정도가 될 것이다. 나뭇잎 속에 있는 나무기둥과 가지에서 나뭇잎이 자라나 나무 전체의 형태를 만들 듯이 헤어디자이너들의 헤어스케치도 두상 부위별 위치별 특징에 따라 헤어스타일에 영향을 준다.

헤어스타일을 단순화 하여 그리기 위해 다음과 같은 조건을 알아야 한다.

키와 두상과의 길이에 따른 비례, 키와 모발과의 비례 얼굴과 모발과의 비례를 파악한다. 얼굴형태가 둥근형, 사각형, 삼각형에 따라 어떤 스타일이 어울릴지 판단하여야 한다.

눈, 코, 입의 비율은 잘 맞는지?

두상의 특징과 곡면을 아는 것이 중요하다.
모발의 길이와 모질에 대해 잘 파악하고 있어야 한다.
버릇모나 모발라인의 특징을 알아야 한다.

그림 2-3 눈, 코, 입, 모발길이의 비율에 대해

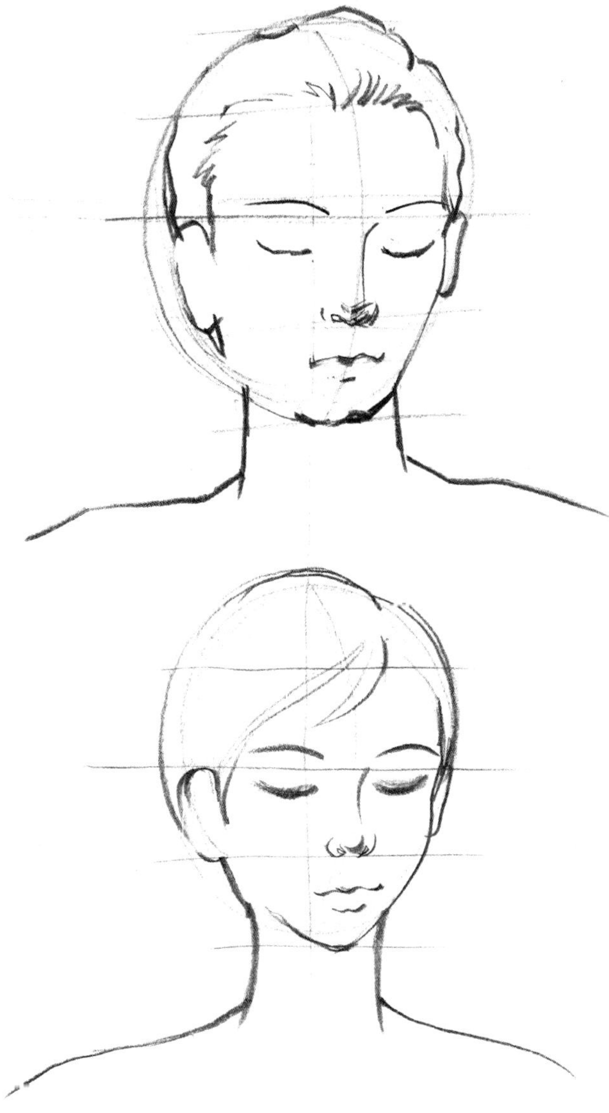

그림 2-4 사람의 머리와 얼굴에 대하여

Part 3

인간의 두상과 얼굴에 대하여

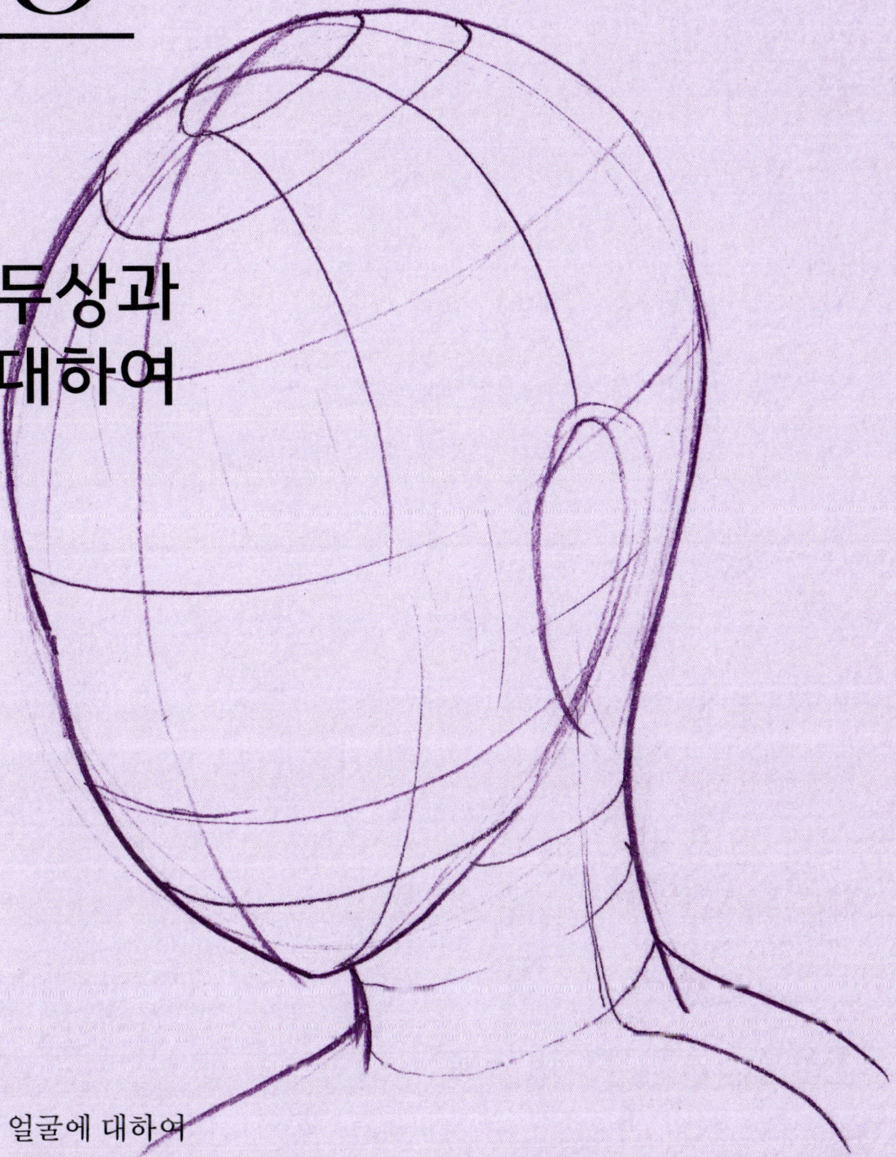

1. 사람의 머리와 얼굴에 대하여
2. 두상 뼈의 구조 및 얼굴 근육
3. 모발 드로잉에 따른 특징

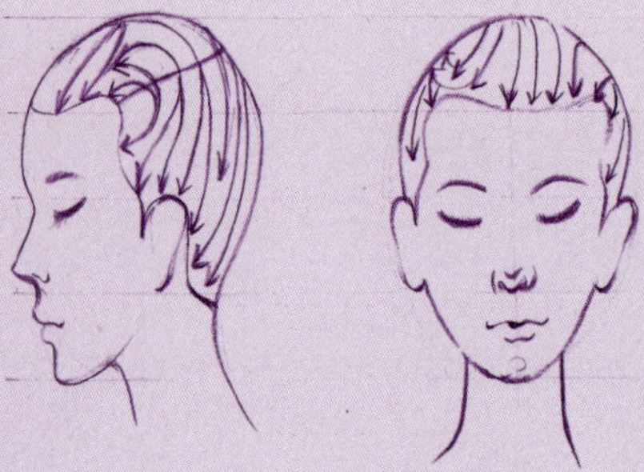

Part 3

인간의 두상과 얼굴에 대하여

1. 사람의 머리와 얼굴에 대하여

고객이 갖고 있는 전체적인 체형, 즉 신장, 특정 신체부위, 얼굴을 살펴 보고 전체 신장에서 얼굴과 헤어의 적정한 비례를 생각하는 습관을 가져야 한다.

운송수단인 차를 예를 들면 차종에 따라 사이즈는 큰 차이가 없다. 다만 시대의 문화와 정서에 따라 디자인이 다양하게 변화하고 있는 것이다. 특징적인 것은 여성이 남성보다 곡선이 강조되고 있다. 인체와 얼굴도 여성이 남성보다 곡선적인 아름다움이 더 많다는 것이다.

얼굴형

사람은 저마다 다양한 형태의 얼굴을 갖고 있다. 이를 잘 관찰하여 그 사람에게 가장 적합한 길이와 볼륨의 양을 표현해야 한다. 가장 먼저 보는 것은 전체적인 얼굴쉐입이다. 두상이 계란형인지 메주형인지 확인하고, 얼굴크기 대비 머리카락이 차지하는 비율, 이목구비의 비율은 적당한지 체크해야한다.

사람의 형태를 크게 둥근형, 사각형, 삼각형의 얼굴로 나누어서 구분하는데 각 형태들에겐 어떤 스타일이 어울릴 것인가 생각하면서 드로잉 하는것이 매우 중요하다.

둥근형

둥근형은 최대한 길어 보이게 해야 한다. 앞의 프린지나 크라운 부분에 높이를 더해주거나 사이드 부분의 넓게 보이는 볼을 층을 주어 감추어 준다. 또한 페이스 라인을 비대칭으로 디자인하여 얼굴의 동그란 느낌을 감소시킨다. 웨이브는 옆부분의 너비를 더욱 넓게 보이기 때문에 스트레이트가 좋다.

그림 3-1 둥근형

타원형

길게 느껴지는 계란형 얼굴은 앞머리를 내려서 얼굴을 작고 갸름해 보이게 한다. 앞머리가 없으면 옆가르마를 타서 표현한다. 턱선 정도의 길이에 층을 내어 풍성해 보이는 헤어스타일이 좋다.

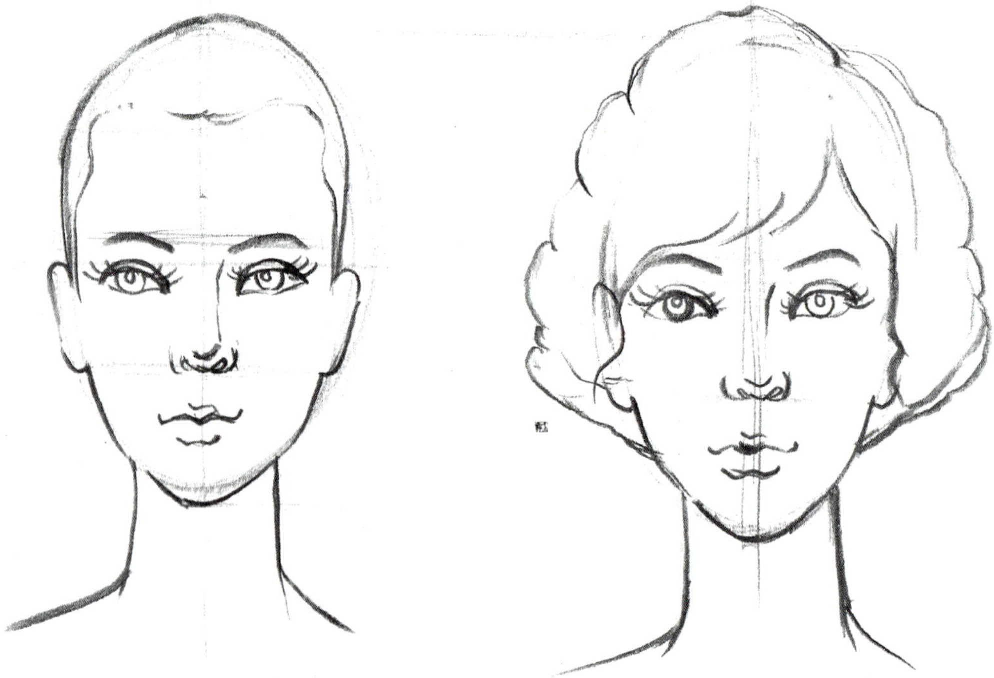

그림 3-2 타원형

정사각형

얼굴의 높이를 넓게 강조하여 전체적으로 모양을 길어 보이게 하는 동시에 더 부드럽게 하고 각진 부분의 모양은 턱이 들어나야 얼굴이 갸름하고 부드럽게 보인다. 단발보다는 롱헤어가 어울리고 앞머리는 짧고 옆라인의 길이가 뒷머리 보다 길게하여 턱선과 광대뼈 부분을 가려주면 좋다.

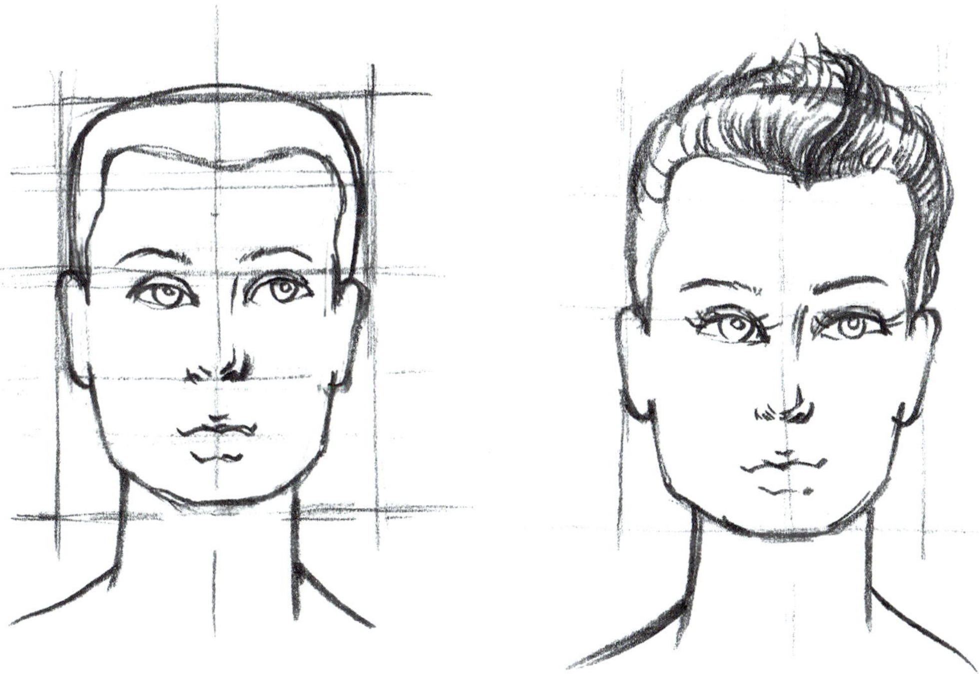

그림 3-3 정사각형

정삼각형

이마가 좁고 상대적으로 턱선이 넓으면 두상과 헤어 부분이 너무 빈약해 보인다. 따라서 관자놀이 윗부분의 볼륨을 극대화 시키고 각진 모습을 감소시켜야 한다. 남성적으로 보이기 때문에 부드러운 곡선의 형태를 연출하는 것이 좋다. 탑부분에 풍성한 볼륨감을 극대화하고 개성을 강조하는 것이 좋다.

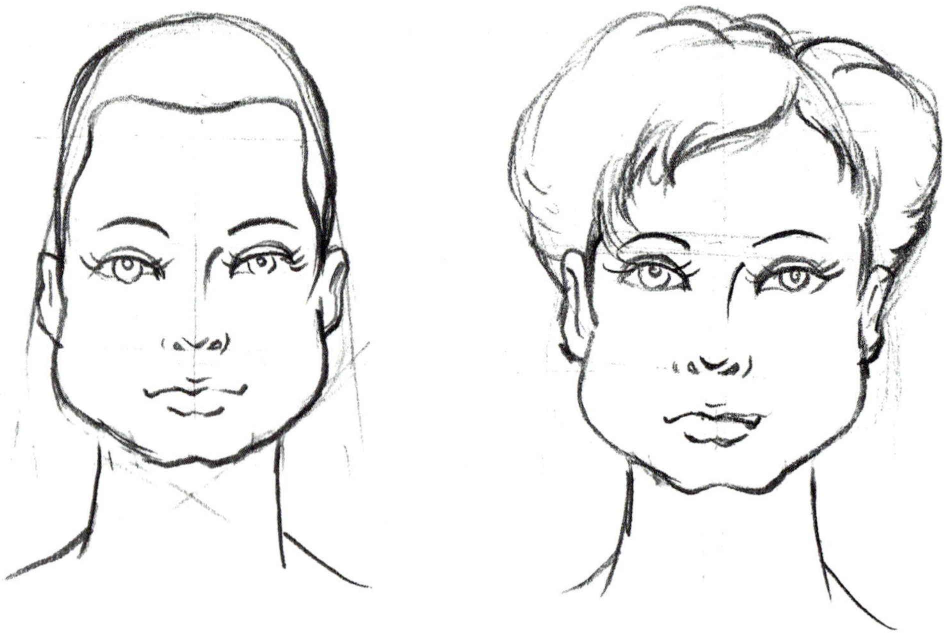

그림 3-4 삼각형(배모양얼굴)

직사각형

긴 얼굴형인 이 얼굴은 중간 부분에 너비를 부여하여 상하로 길어지는 부분을 시각적으로 변화시켜 주거나 앞의 프린지 부분의 넓이를 조절하여 적당한 비율로 조절해야 한다.

역삼각형

부드럽고 귀여운 이미지 연출을 해야한다. 턱이 도드라져 보이기 때문에 롱 헤어나 아니면 바가지 머리가 좋다. 앞머리 없이 가르마를 타는 것도 좋다.

목과 어깨

짧은 목은 디자인 시 높이를 강조해 줌으로써 길어 보이게 하고 긴목은 목 둘레에 공간을 채우기 위해 웨이브를 주어 볼륨감을 강조한다.

넓은 어깨는 길게 늘어진 커트로 좁아 보일 수 있게 하고 좁고 경사진 어깨는 더 넓어 보이게 하는 것이 좋다.

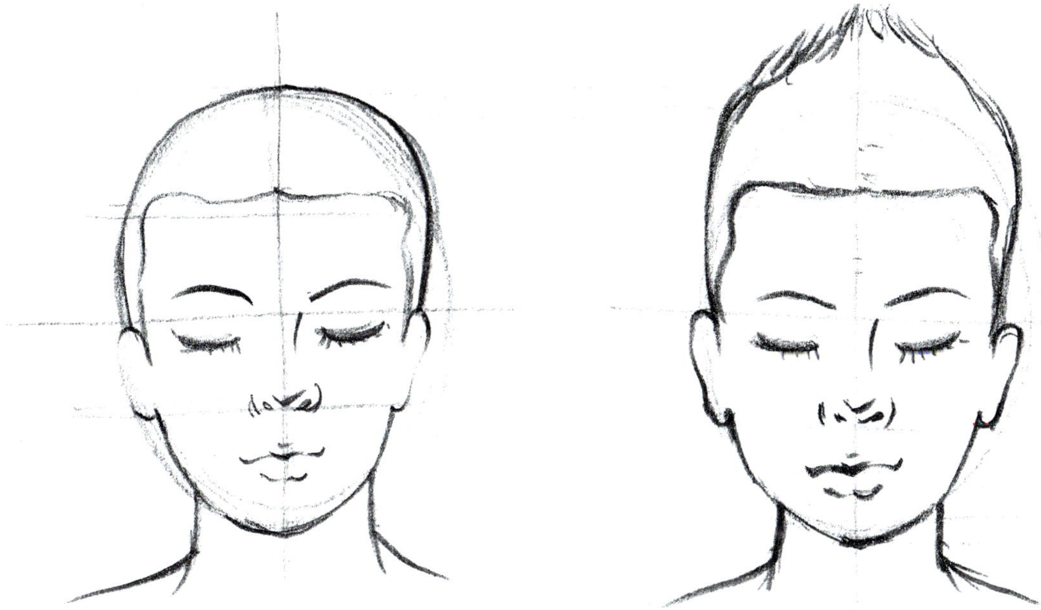

그림 3-5 목이 짧은 경우

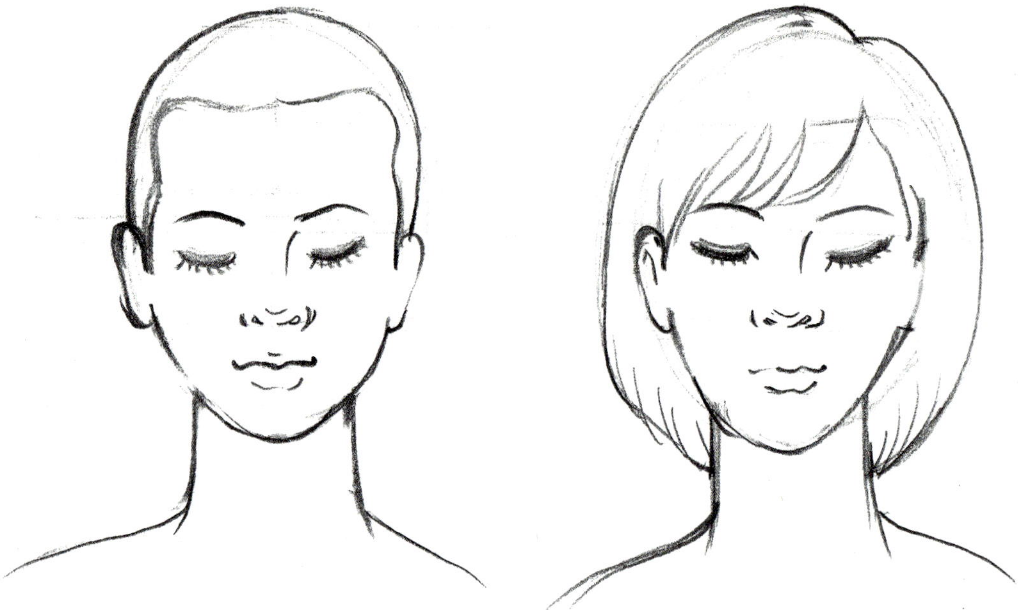

그림 3-6 목이 긴 경우

헤어라인

헤어라인은 헤어스타일에 많은 영향을 주기 때문에 정확하게 관찰하여 드로잉 해야한다. 네이프 부분에서 남성의 헤어라인이 여성의 헤어라인 보다 다소 낮게 자란다.

머리 숱

헤어일러스트에서 머릿결의 텍스쳐와 숱은 매우 중요하다. 부분 또는 전체 모발량이 헤어스타일에 크게 작용하기 때문이다. 예를 들어 대머리의 경우 페이스 라인의 리셋션 에어리어 부분의 모량이 없는 경우와 정수리 부분의 머리숱이 없는 부분의 경우를 주의하여 드로잉 해야 한다.

모발성장패턴

모발성장패턴(그로스패턴)은 샴푸를 하고 나면 정확하게 알 수 있다. 길이와 디자인 라인에 영향을 줄 수 있는 그로스패턴은 파팅에 따른 섹션, 베이스의 이동 비율과 대칭에 영향을 준다. 그래서 스타일도 모발성장패턴을 감안하여 드로잉 해야 살롱에서 활용 가능한 헤어일러스트가 될 수 있다.

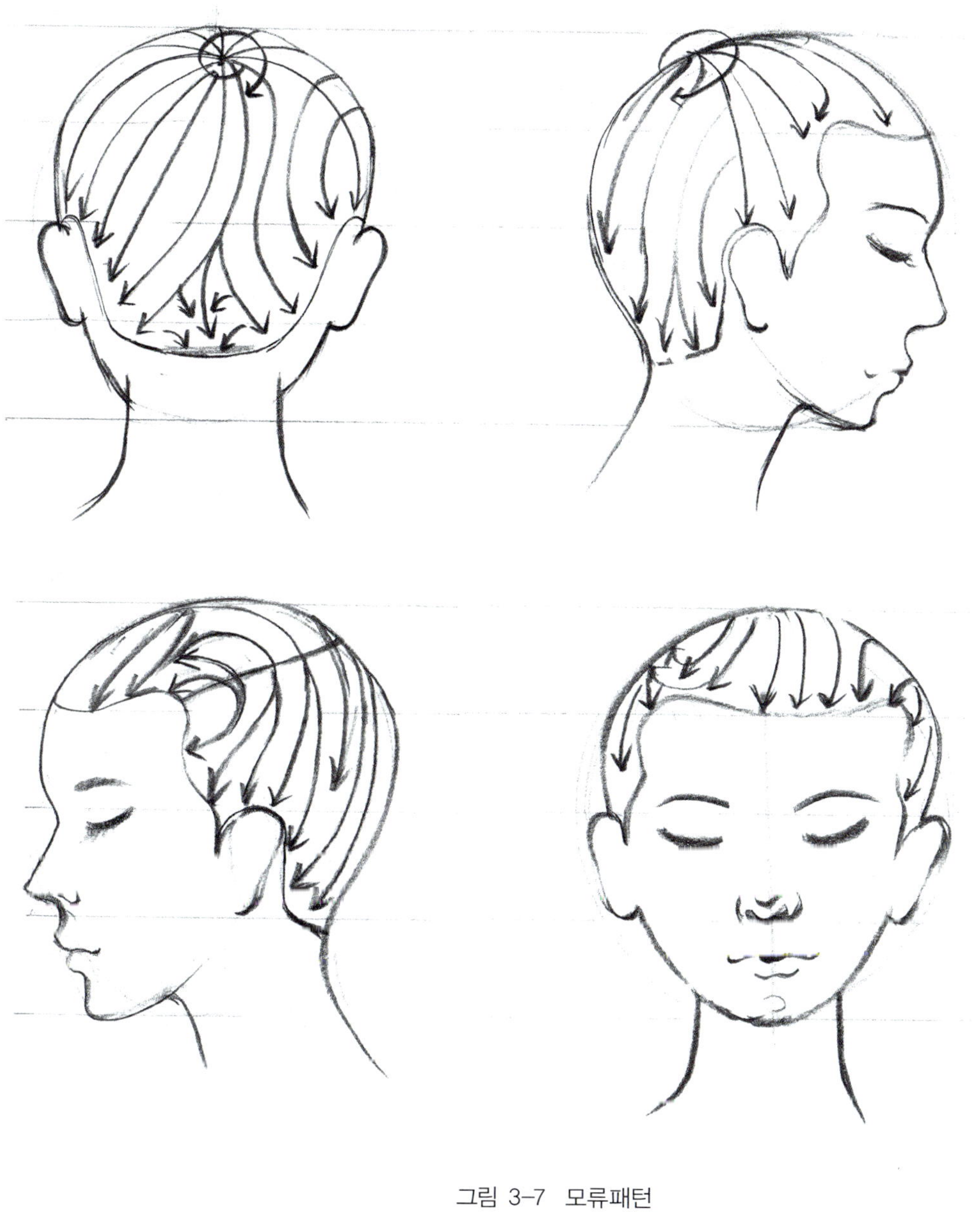

그림 3-7 모류패턴

두상의 시각화

① 두상의 기본 얼굴형에 대하여 파악한다. 아래 그림은 평명도, 정면도, 배면도를 표현한 것이다.

그림 3-8

② 성장패턴, 버릇모, 모질(텍스처)에 대하여 파악한다.

2. 두상 뼈의 구조 및 얼굴 근육

서양인의 두상은 풍선과 같이 갸름하나 동양인은 메주처럼 각이 돌출된 부분이 있다.

두상은 피부 밖으로 드러나는 골격과 근육까지 봐야한다. 팔, 다리, 엉덩이, 가슴, 배, 목의 근육이 어떻게 연결되어 있는지 감이 있어야 한다. 근육은 뼈에 붙어 있다. 인체의 모든 근육을 다 알기는 어렵지만 눈에 잘 들어오는 큰 근육(힘줄)과 인대(심줄)만이라도 알아 두자. 근육 이름도 상식으로 알아 두자.

잔근육은 모두 지방에 덮여 있어서 잘 보이지 않는다. 큰 근육만 밖으로 보이기 때문에 위에서 언급한 근육과 인대 정도만 알고 표현해도 무리가 없다. 섬세한 근육을 표현하려면 바디빌더 사진이나 해부학 책, 전문 미술 교재를 봐야 할 것이다. 보통 여자 몸에선 근육이 보이지 않는다.

머리카락의 방향성과 텍스처를 파악한다. 길이와 텍스처가 스타일이다.

머리카락의 방향성과 곡선의 율동

그림 3-9

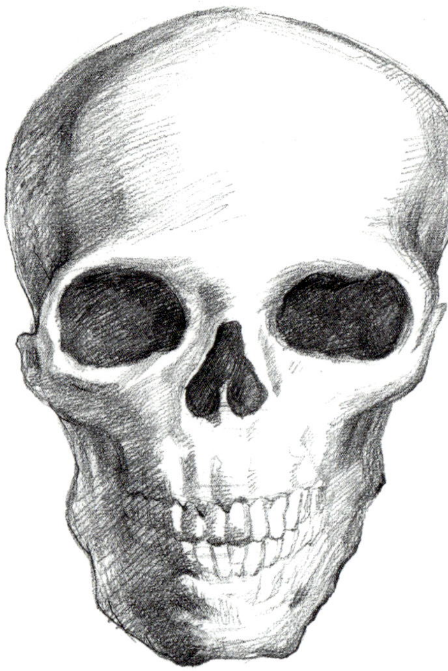

그림 3-10 두상뼈 정면

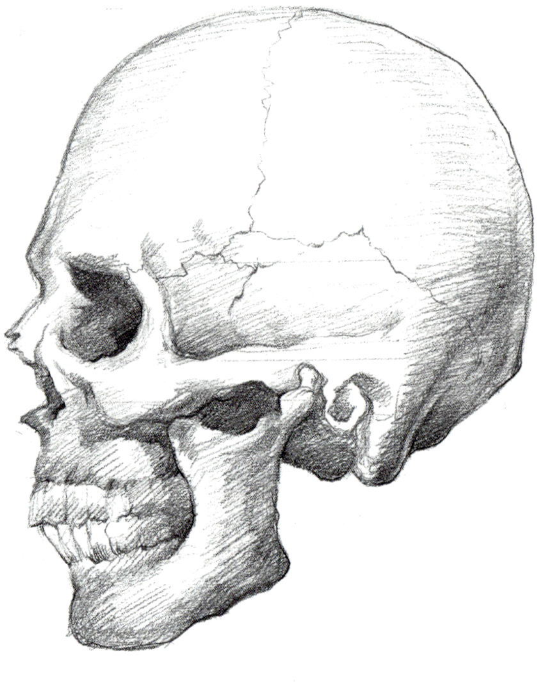

그림 3-11 두상뼈 측면

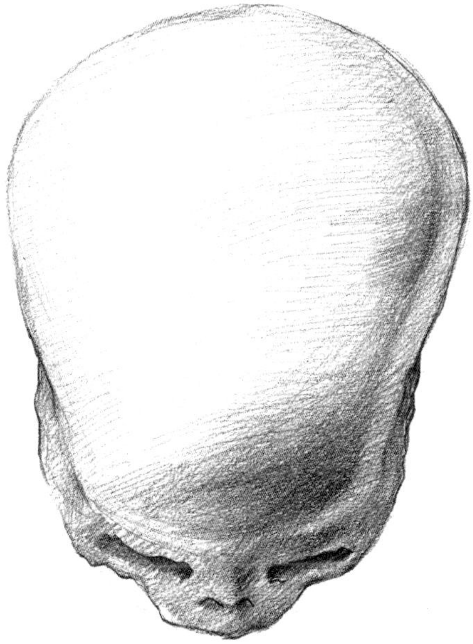

그림 3-12 두상뼈 평면

동양인과 서양인의 얼굴형태 비교

동양인은 서양인에 비해 눈과 입이 나왔고 턱이 들어갔다. 반면, 서양인은 눈과 입이 들어갔고 턱이 나왔다. 따라서 옆면에서 보면 서양인들은 코와 턱이 뾰족하게 나왔고 동양인은 눈과 입이 돌출되어 보인다.

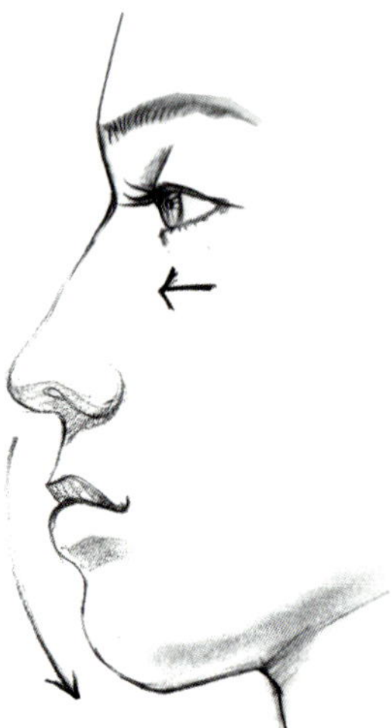

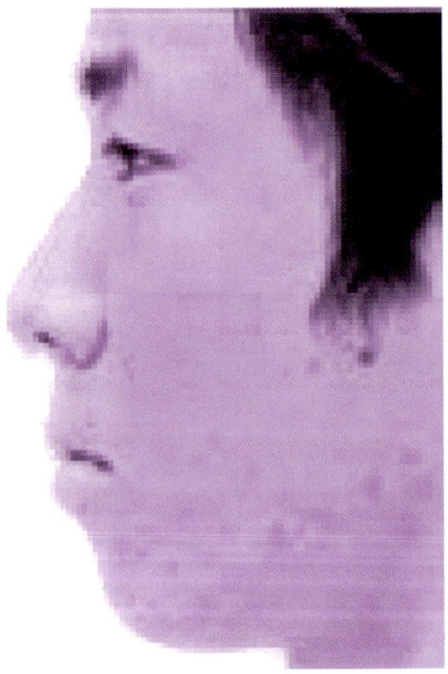

그림 3-13

3. 모발 드로잉에 따른 특징

모발은 두상으로부터 부위별 역할과 특징을 갖고 있고, 머리카락 한 올 한 올 다 다른 텍스처를 갖고 있기 때문에 드로잉을 할 때 다음과 같은 고민을 하여야 한다. 첫째, 두상의 구역별 역할에 따른 다양한 스타일, 둘째, 앞부분의 그로스 패턴과 텍스처의 특징, 셋째, 모발의 헤어스타일과 모발 길이에 따른 무게라인 및 질감처리, 마지막으로 부위별 모발의 율동 등 무브먼트가 다 다르다.

모발 텍스처 예

그림 3-14 웨이브 머리카락 형태

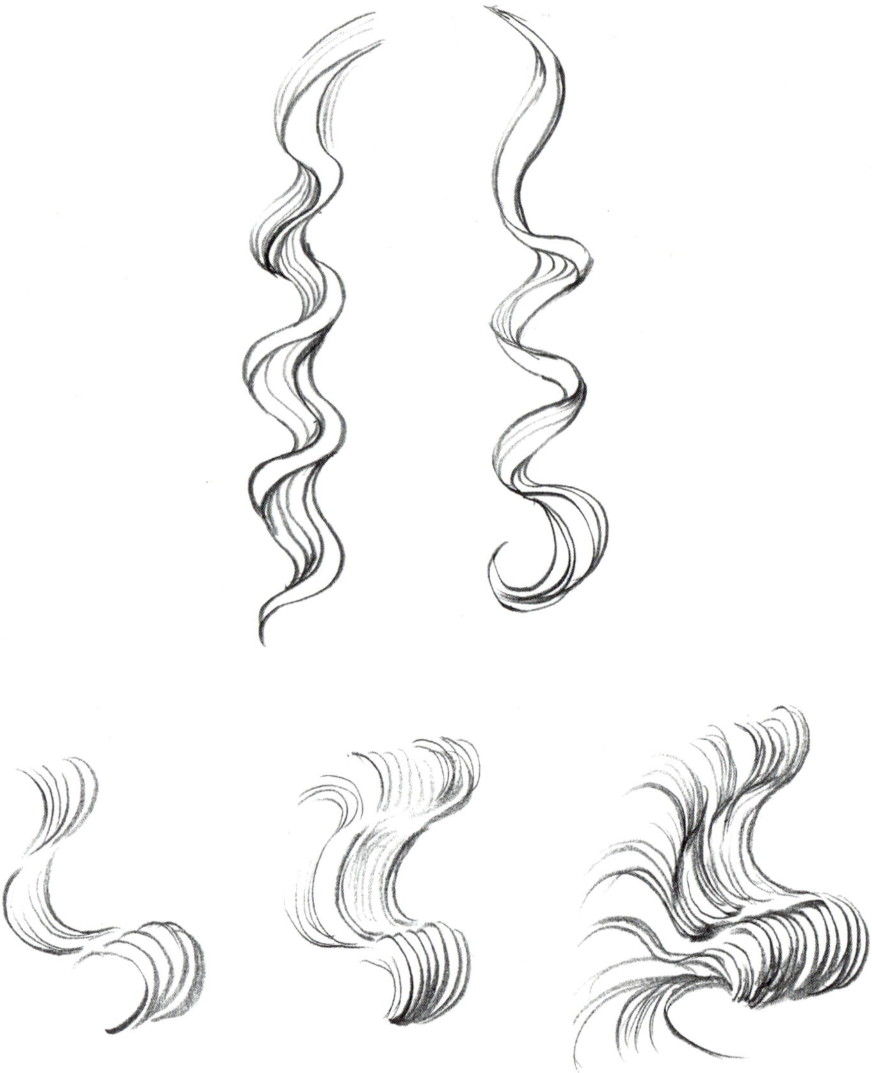

그림 3-15 그밖에 다양한 웨이브

사물 시각화에 대하여

내가 생각하고 있는 생각이나, 아이디어, 개념, 이미지 등을 표현하는 것을 그림으로 발전하는 것을 시각화 과정이다. 이 과정을 통해서 아이디어가 발전되고 정리된다.

시각화 과정에는 분명한 단계가 있다. 각 단계마다, 표현되어야 하는 중요한 개념이 있다. 문제를 단계적으로 드로잉하지 않고 바로 단순화 한다면 더 많은 문제가 발생할 뿐이다. 예를 들어 유명한 화가가 사과 하나를 그리기 위해 얼마나 많은 사과를 그렸을까 생각해 보자.

그들은 정확한 그림을 그리려고 지우고 다시 그리고 하는 시간과 열정을 얼마나 많이 투자 했겠는가? 인체의 목 윗부분의 아름다움을 책임지고 있는 뷰티 전문가들은 사람의 얼굴과 두상에 대해 전문가로서 잘 알아야 한다. 그러기 위해선 두상을 그리는 것은 물론 부위별 특징과 역할에 대해 잘 알아야 한다.

그림 3-16 두상시각화 과정

입체 인물 드로잉을 할 때 다음과 같은 점에 유의할 것

① 좌우가 똑같은 얼굴, 똑같은 그로스 패턴은 없다.
② 귀는 생각보다 크고 목은 두껍고 길다.
③ 윗입술 보다 아랫입술이 크고 두껍다.
④ 가까운 곳, 중요한 곳을 진하고 디테일하게 표현한다.
⑤ 큰 물체는 가까이 있어 보이고 작은 물체는 멀리 보인다.
⑥ 강조하고 싶은 곳은 가장자리의 외곽선을 진하게 그리면 강조된다.
⑦ 남자는 각, 여자는 곡선이 강조 되는 것이 좋다.

3차원 입체 드로잉을 할 때 다음과 같은 점에 유의할 것

① 같은 크기일 경우 가까이 있는 것이 더 커 보인다.
② 큰 물체는 가까이 있어 보이고 작은물체는 멀리 보인다.
③ 처음엔 약한 선으로 하고 확실할 경우에만 아웃라인을 진하게 표현한다.
④ 가까운 곳, 중요한 곳을 진하게 표현한다.
⑤ 강조하고 싶은 곳 가장자리의 외곽선을 진하게 그리면 강조된다.

얼굴 부분 시각화 묘사

눈, 코, 입의 조화가 중요한 것은 위치와 배치에 따라 인상이 변하기 때문이다. 눈과 코와 입을 이쁘게 그려야 미녀가 된다. 그중에서 미녀의 핵심은 일단 눈에 비밀이 있다. 일단 눈은 시원스럽고 이쁘게 생겨야 한다. 다른 것보다 눈이 더 중요하다. 눈이 이쁘면 일단 이쁘게 보인다. 그러니 눈의 모양이 중요하다. 눈동자의 색은 짙은 것이 좋고 눈동자의 크기는 큰 것이 좋다. 그러면 착하고 이쁘게 보인다. 그 다음이 코다. 콧구멍이 보일락 말락해야 한다. 그리고 콧대가 적당히 높아야 한다. 그 다음이 입술이다. 입술은 좀 다양한 형태로 아랫입술이 윗입술 보다 좀더 두껍다.

눈썹의 높이를 낮추면 남자, 서양인의 이미지가 연출되고, 높이면 여자, 동양인 같은 느낌이 나타난다. 눈, 코, 입의 길이를 길게하면 남자, 어른, 서양인의 이미지가 연출되고 눈, 코, 입의 길이를 짧게하면 여자, 아이, 동양인의 느낌이 나타난다.

미간이 약간 넓은 것이 순해 보이고 착한 느낌이 든다. 여기서 약간 넓다는 것은 미간 넓이가 눈 가로길이보다 넓어 보이는 경우를 말한다. 얼굴에서 표면에 드러나는 부분은 이마 위쪽이다. 그러나 머리 위는 머리카락이 있어 보이지 않는다. 또한 살이 찌면 볼 아래 부분의 얼굴형은 많이 달라진다.

변하지 않는 부분은 눈동자, 눈동자 간격, 눈의 폭, 눈, 코, 입의 상대적인 간격이다. 눈의 위쪽은 살이 찌지 않는다. 살이 찌면 입술도 두터워지고, 코도 주먹코가 된다. 하지만 눈을 보면 그 사람이 누구인지 알 수 있다. 눈알은 광학기구라서 변하지 않는다. 생명은 눈에 있다. 눈동자의 광택과 속눈썹이 핵심이다.

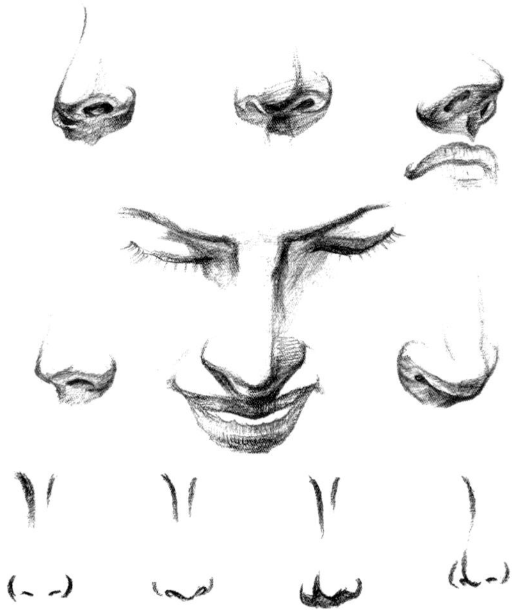

그림 3-17 얼굴 부분 시각화 묘사에 대하여

Part 4

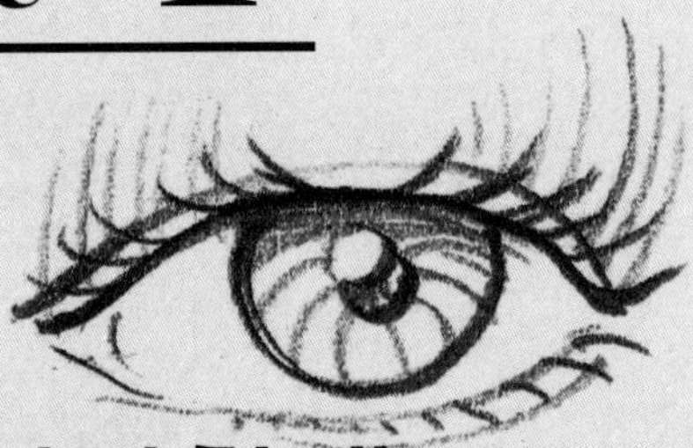

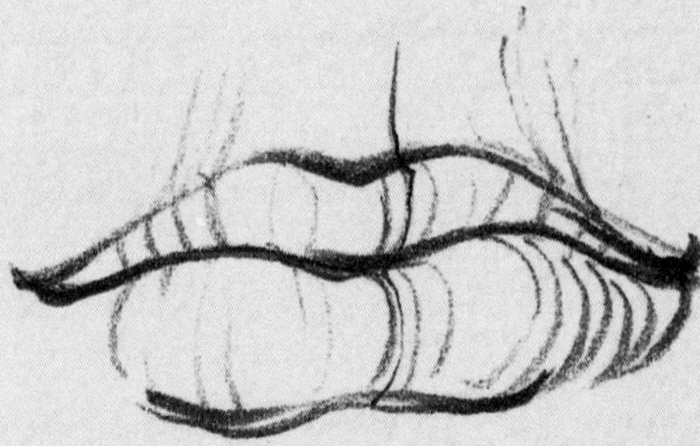

얼굴 시각화에 대하여

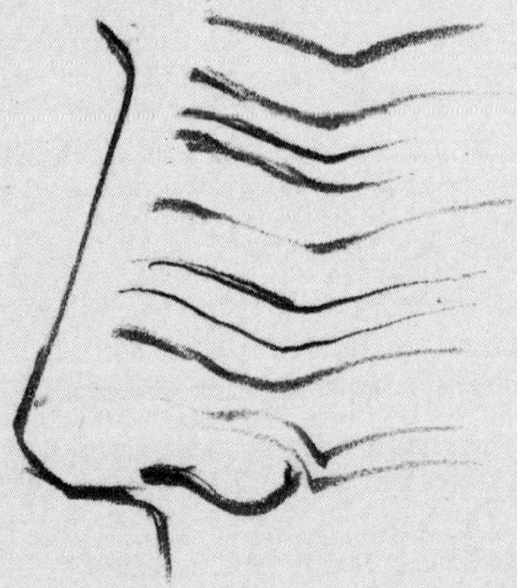

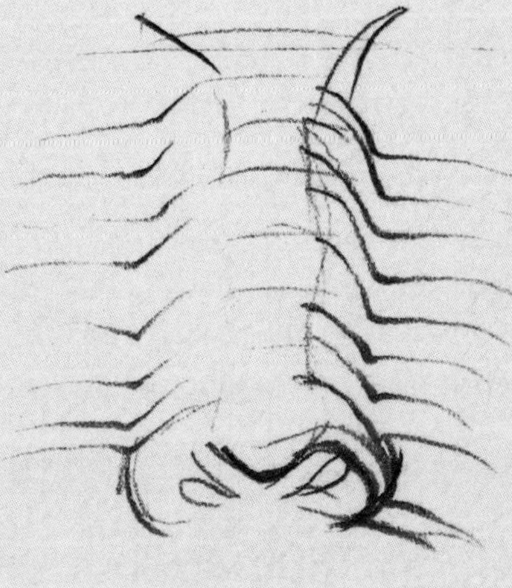

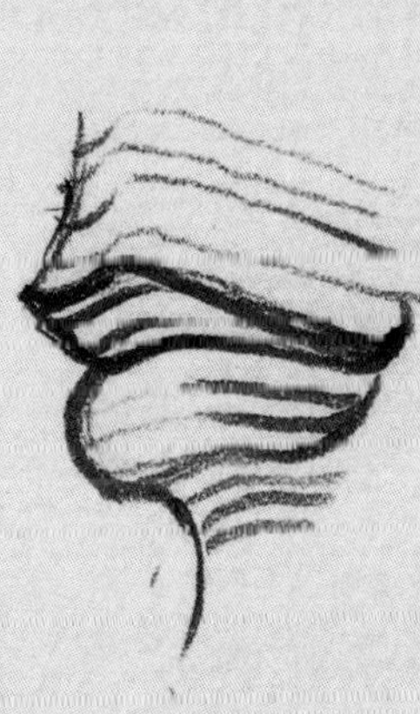

1. 눈썹과 눈 그리기
2. 코 그리기
3. 입 그리기
4. 귀 그리기
5. 목 그리기
6. 머리카락 그리기

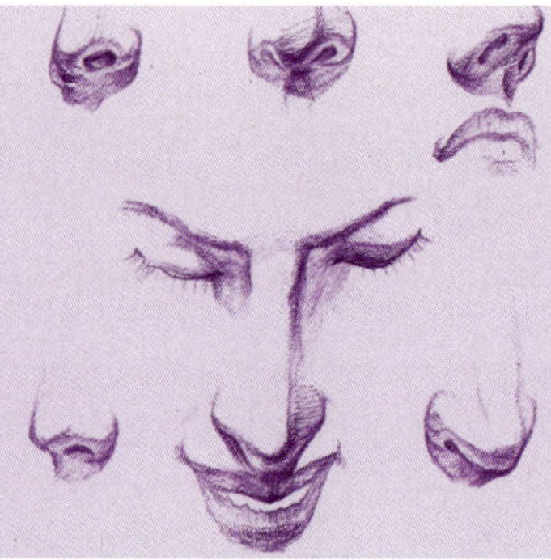

Part 4

얼굴 시각화에 대하여

1. 눈썹과 눈 그리기

1. 눈썹 그리기

눈썹의 경우 뷰티디자인에 있어서 매우 중요하고 인상에 많은 영향을 준다. 특히 요즘처럼 이미지 메이킹을 적극적으로 표현하는 신세대들에게 눈썹의 중요도는 매우 크다.

눈썹의 모양

눈썹의 두께

눈썹의 두께가 두꺼우면 송충이처럼 보여서 안된다. 개인 취향의 문제이긴 하나 적당하든지 좀 더 얇든지 하는 것이 아름답다. 눈썹의 두께가 얇아 질수록 얼굴이 더 여성적이고 곱상하게 바뀐다.

2. 눈 그리기

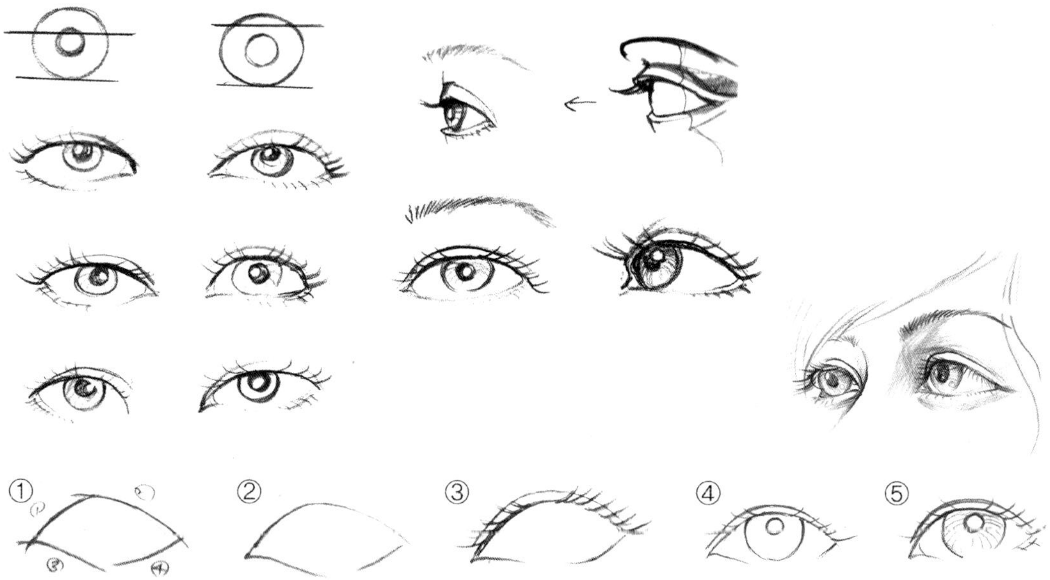

그림 4-1

눈의 위치는 얼굴에서 가장 먼저 보여지는 부분으로 귀 윗부분과 윗 눈커플 선상에 위치해 있으며 본 책자에서는 눈의 형태, 드로잉 순서, 예시 드로잉들을 표현하였다.

눈의 폭을 기준으로 하여 눈이 3개 들어갈 간격으로 그리고 전체 형태와 꺼풀의 디자인은 비대칭적으로 그린다. 윗 꺼풀의 앞쪽은 굴곡이 높고, 밑 꺼풀의 뒤쪽은 내려가며 굴곡이 진다.

눈꺼풀을 드로잉 할때는 그것이 눈을 감싸는 막이라고 생각하고 표현하라. 눈꺼풀과 눈동자는 서로 일체감을 느낄 수 있도록 그려야 하고 눈동자를 중심으로 하여 양쪽으로 그린다.

눈의 가로길이 × 1배보다 미간 넓이가 넓으면 미간이 넓어 보인다. 눈 흰자 가로 길이 보다 미간이 더 넓은 경우라도 눈가쪽 그늘이 길면 미간이 넓어 보이지 않는다.

한국 여성들 같은 경우 너무 진해서 강하게 보이는 눈보다는 담백한 눈을 선호하는 여성들이 많다.

① 절대 눈동자가 눈 한가운데 동그랗게 나오면 안된다. 범죄자형 얼굴이 된다.
② 약간 고양이 눈 같이 주변으로 갈수록 올라가게 하라. 쌍꺼풀을 넣어 준다.
③ 홍채라 불리는 밖의 눈동자는 좀 연하게(회색/파랑/갈색 등 인종마다 차이)
④ 가운데 동그라미는 검정색. 렌즈가 있어 빛을 받아들이는 구멍이다.
⑤ 속눈썹을 그려 준다. 많이 그리면 여자눈이 된다.
⑥ 속눈썹과 윗눈꺼풀에 의해서 생기는 눈알 위의 그늘을 그려준다.
⑦ 눈동자에 흰 반사광을 하나 찍어 준다. 이러면 눈동자가 반짝이게 된다.

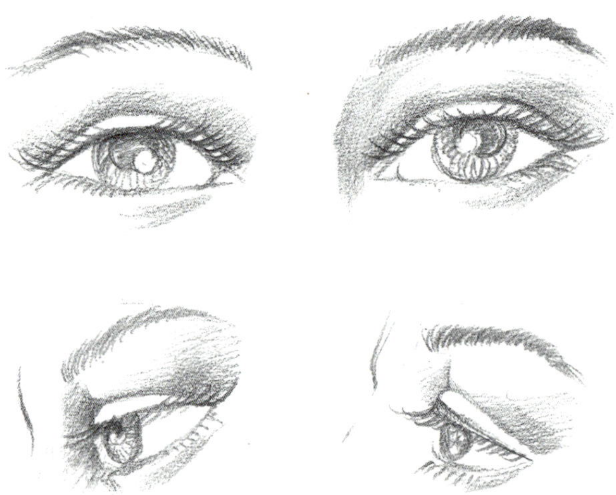

그림 4-2

2. 코 그리기

다양한 형태의 코를 표현해 보았고 코를 면에서 환으로 변화해 가는 과정을 그림과 같이 설명하였다. 특히 여러분들이 코를 표현할 때 콧구멍에 신경이 쓰여 다른 것들을 망치거나 그리고자 하는 의욕이 떨어지는 경우가 있는데 한 부위에 너무 신경쓰기보다는 전체적인 균형과 조화에 더 중점을 둬야한다.

남자는 코와 턱이 잘생기면 훈남이다.

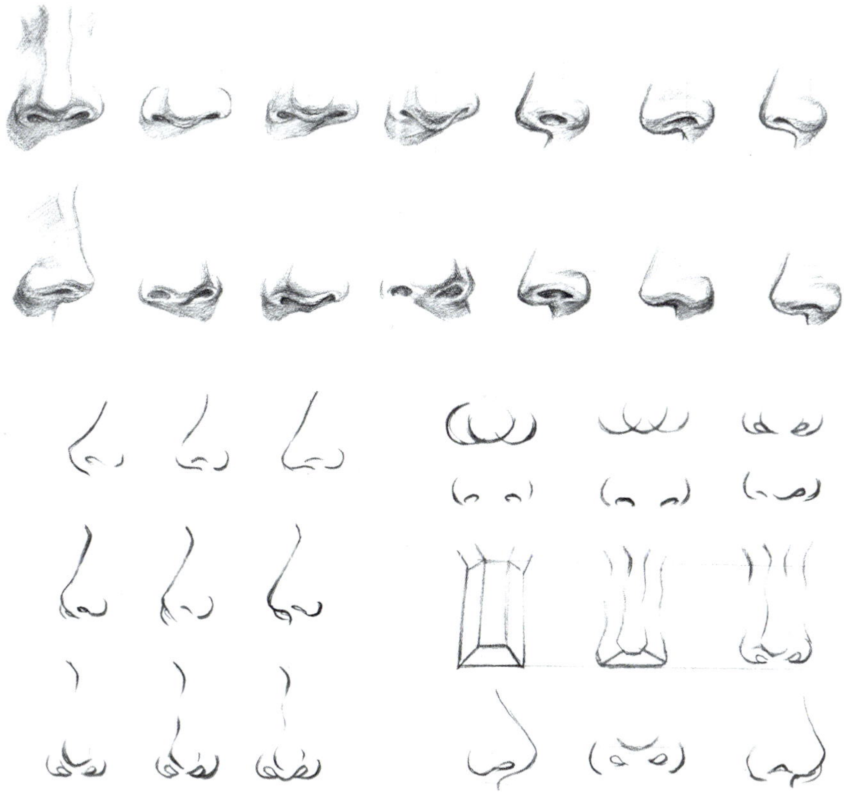

그림 4-3

3. 입 그리기

입의 위치

코 끝과 턱의 2/3 지점에 윗입술과 아랫입술의 경계 부분이 위치하였고 콧등을 기준으로 아래로 점점 선을 밟고 약하게 그리다 보면 입술꼬리 부분이 위치해 있다.

입의 형태는 아랫입술이 윗입술보다 좀 더 두껍게 해야하다. 아래에서 올려다본 입술과 위에서 내려다본 차이점을 알고 정면, 측면, 반측면의 입술의 변화를 표현해야 한다. 입술의 팽창과 수축에 따른 연필선의 강약과 명암에 의한 입체감을 표현하여야 한다.

특히 앞부분의 돌출된 부분과 입 꼬리 부분의 미세한 근육에서 나타나는 입 꼬리 표현을 선으로 예쁘고 자연스럽게 표현하여야 한다. 또한 입술의 길이와 높이와의 관계가 얼굴 이미지에 영향을 크게 주는 것에 유의하여야 한다.

입술 그리는 법은 아래와 같다. 먼저 선이 지나갈 위치를 대충 점으로 찍어 놓은 뒤에 선을 이어버리면 된다. 그러니까 점만 처음에 잘 찍어 놓으면 쉽다.

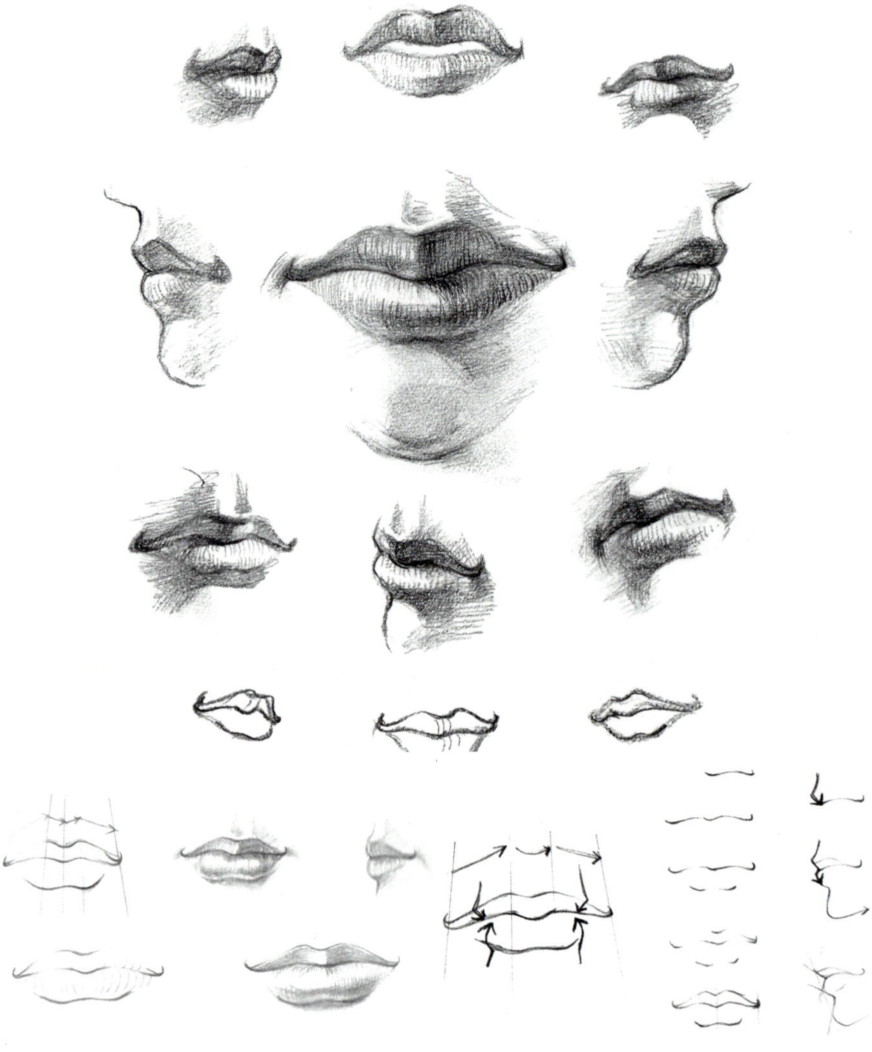

그림 4-4

4. 귀 그리기

귀의 위치를 파악한다. 위치는 코 밑에서 눈썹의 거리보다 길지 않아야 한다.

귀의 형태는 단순한 C형태를 유지하면서 돌출된 Y형의 형태를 파악하여야 한다.

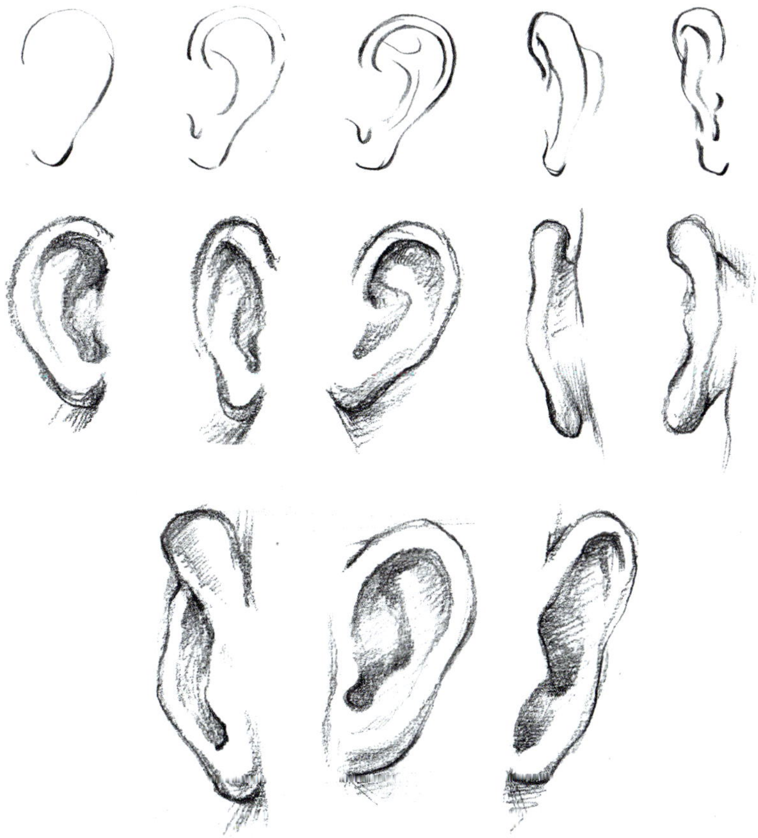

그림 4-5

이 그림들은 다양한 각도에서 귀를 표현한 것으로 스피드 도로잉에 적합한 단순화된 귀 표현에서부터 정밀하게 드로잉하였다.

귀 뒷모습은 S자 모양의 형태를 갖고 있다.

5. 목 그리기

얼굴과 몸을 연결하는 목은 생각보다 두껍고 근육이 많이 발달된 곳이다. 목을 그릴 땐 아래와 같이 유의사항을 참조하여 드로잉해야 한다.

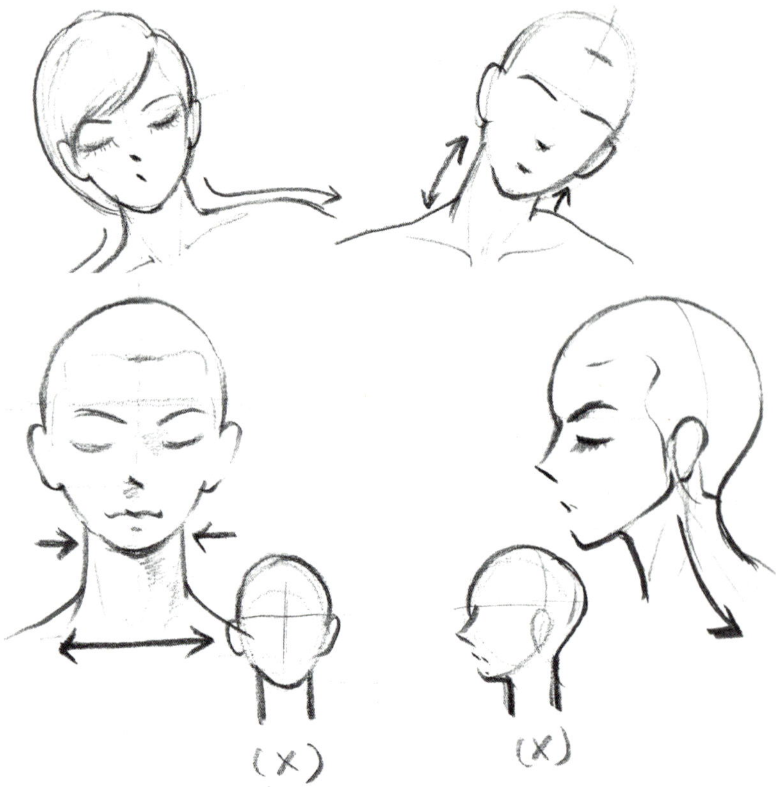

그림 4-6

6. 머리카락 그리기

머리카락은 어떤 용도에 활용될 것인가에 따라서 다양한 표현 기술이 요구되는데 그 중 스피드 드로잉에 따른 단순화 작업이 필요하다. 도해도에 필요한 드로잉 스킬과 상담에 필요한 드로잉 스킬, 헤어아트에 필요로 하는 뷰티 일러스트 등 필요에 따른 표현 방법이 참 많다.

그 중 여기서는 스피드 드로잉에 필요로 하는 표현 방법을 기술하였다.

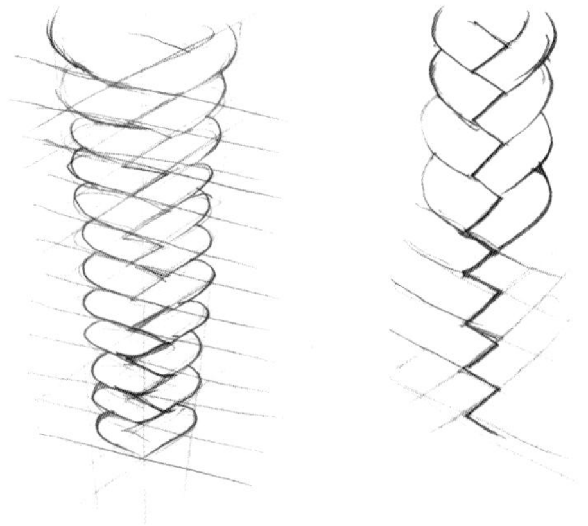

그림 4-7

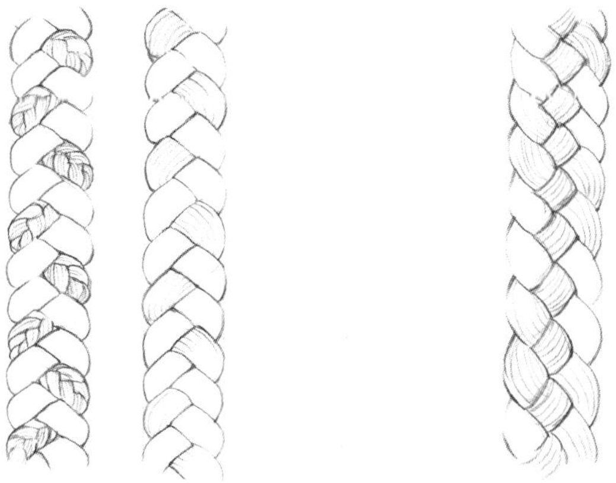

그림 4-8

그림 4-9

1. 모발의 형상에 따른 드로잉

직모(생머리)는 모낭(머리카락 나오는 구멍)이 피부표면으로부터 일직선으로 세워져 있고, 파상모(반곱슬머리)는 모낭이 피부표면으로 비스듬히 누워 있으며, 축모(흑인곱슬)는 모낭이 피부표면으로부터 굽어져서 생기는 현상이다. 따라서 고객이 모직이 직모, 파상모, 축모인지 잘 파악하여 그에 적합한 드로잉을 해야한다.

자연모발 텍스처 표현

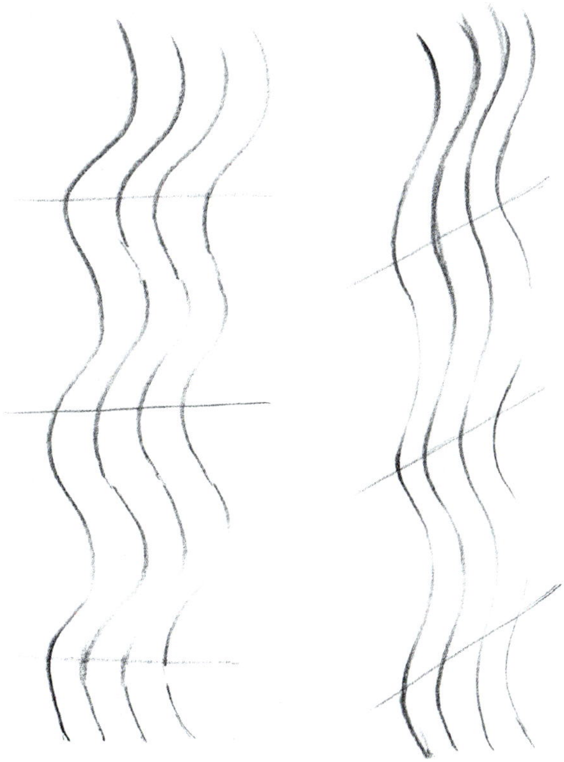

그림 4-10

2. 헤어에 나타나는 컬의 형태

구분	I컬	C컬	J컬	S컬	SS컬
컬의 형태	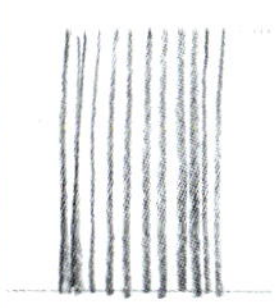	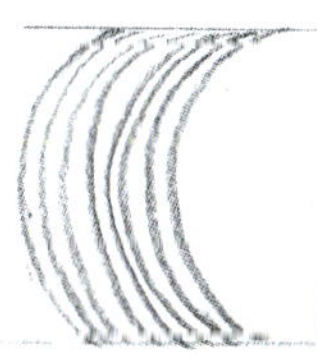	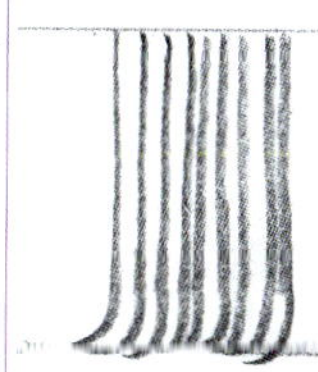	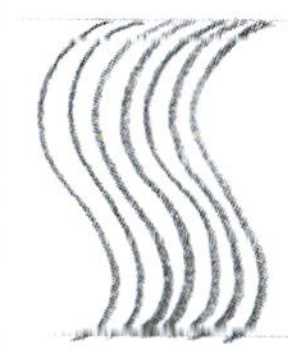	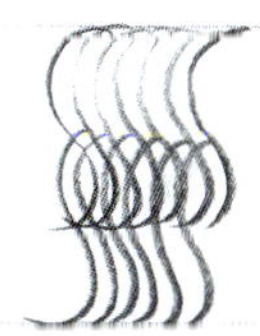

두상의 시각화 드로잉

우리가 헤어스타일을 디자인하기 위해선 용도에 적합한 다양한 시각화 드로잉을 해야한다. 헤어스타일을 위한 도면의 종류는 3가지로 구분할 수 있는데 도면이 필요하다.

3. 텍스처에 따른 모발 형태

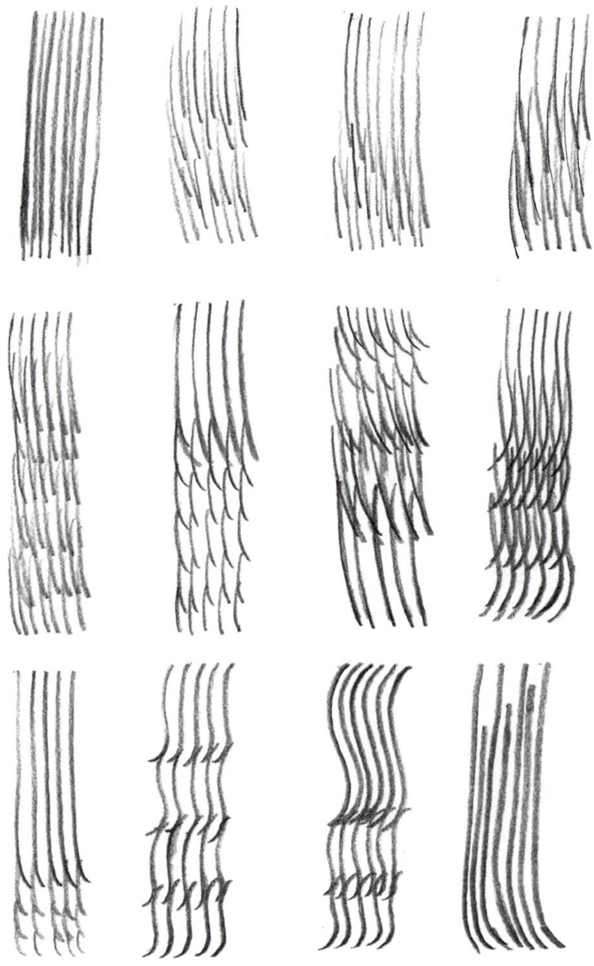

그림 4-11

Part 5

인물 시각화 드로잉

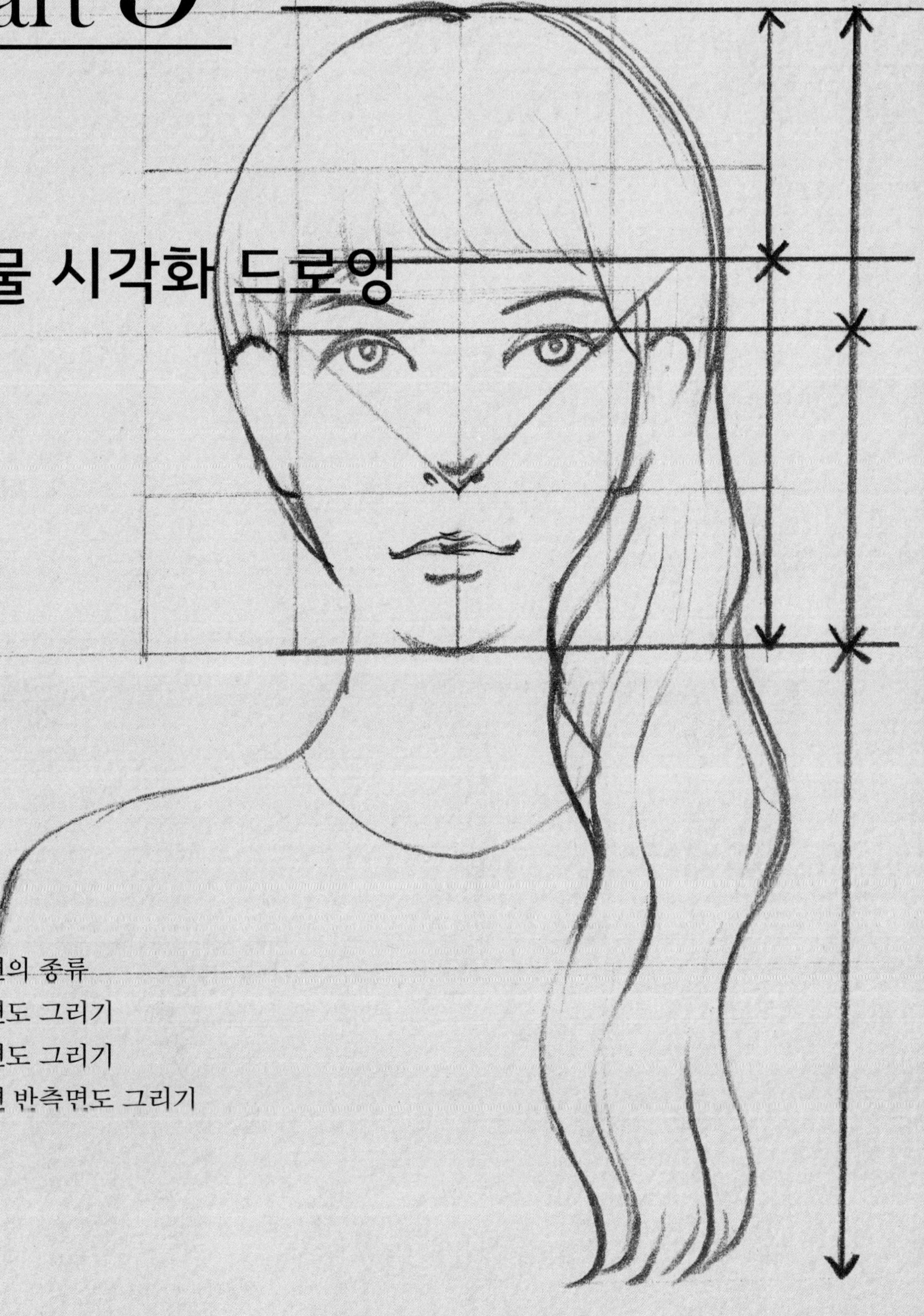

1. 도면의 종류
2. 정면도 그리기
3. 측면도 그리기
4. 앞면 반측면도 그리기

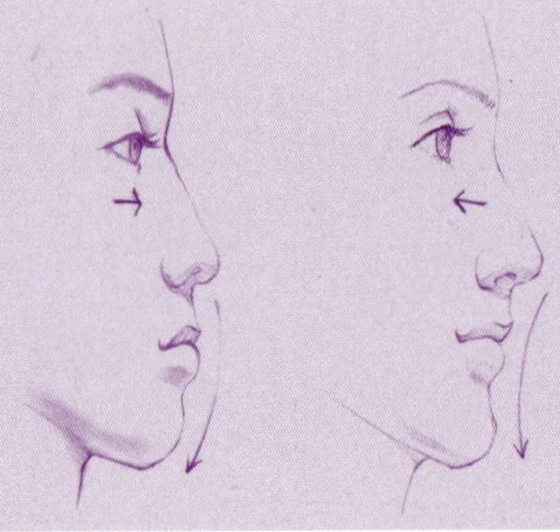

Part 5

인물 시각화 드로잉

우리가 헤어스타일을 디자인하기 위해서는 용도에 적합한 다양한 시각화 드로잉을 해야 한다. 헤어스타일을 위한 도면의 종류는 크게 3가지로 구분할 수 있다.

1. 도면의 종류

계획도 : 제작도 작성의 기초가 되는 도면으로 설계 계획자의 의도를 명시하는데 충분한 내용이 필요하다.

제작도 : 작업자를 대상으로 하여 그려진 도면으로 설계자의 뜻을 작업자에게 완전하게 전달할 수 있는 충분한 내용이 있어서 제작에 용이하다.

설명도 : 누구나 기능의 설명을 하기 위한 도면으로, 필요한 부분을 절단, 투시, 채색하여 누구나 알 수 있게 그려야 한다.

여기에 각 도면별 두상과 얼굴그리기가 있는데 이는 미세한 차이로 수많은 이미지가 표현되어 개별적으로 드로잉 하기가 매우 어렵다. 따라서 그중 가장 많이 활용되고 있는 3가지의 두상 형태에 대해 알아보고자 한다.

2. 정면도 그리기

얼굴 정면(front)에서 본 그림으로 인물의 특징 가장 많이 표현되는 가장 기본적인 것으로 고객 이미지의 특성을 표현할 때 반드시 그려야 한다.

면(각)으로 이루어진 두상 입체와 단순화된 윤곽 드로잉 정면도

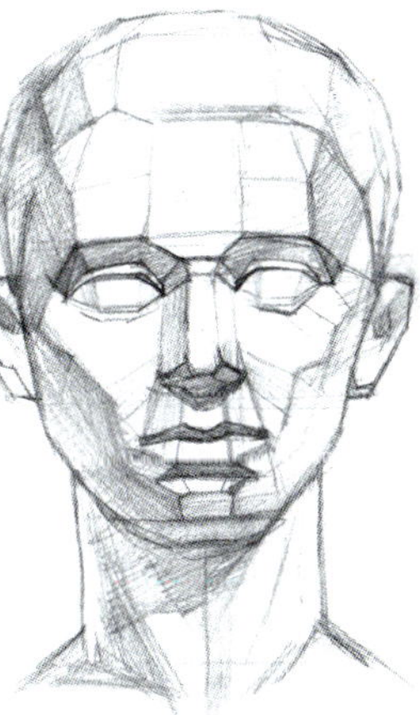

그림 5-1 두상각 정면

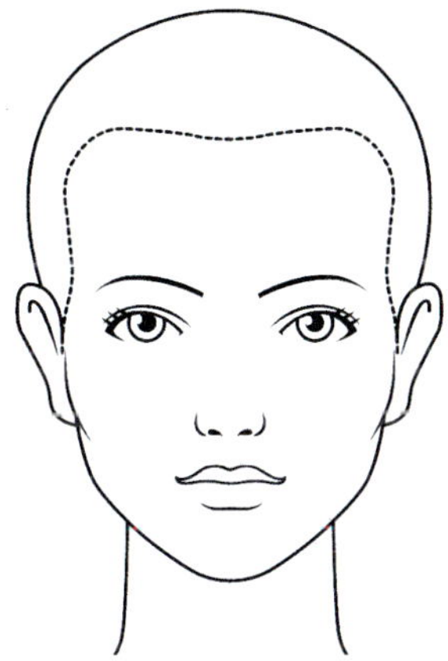

그림 5-2 윤곽드로잉 정면

*준오아카데미와 함께 헤드시트지개발 및 활용

아름다움이란 다양한 사람들의 주관들이 모여 결과적으로는 객관화되는 것으로 아름답다라는 이미지가 결정된다고 본다. 눈썹과 눈사이가 가까울수록 남성적인 매력이 증가하는 '미남이냐' 라는 말이 있다.

일반적으로 일본인과 한국인 얼굴의 특성을 비교해 보면 일단 턱이 좁은 쪽이 일본인이다. 덧니가 많은 일본인들은 턱이 좁아 치아가 들어갈 자리가 없어서 그렇다. 그리고 눈이 큰 쪽이 일본인으로 한국인은 눈이 작은 북방계 얼굴이기 때문이다. 털은 일본인이 많고 한국인이 적다.

정면도 그리기

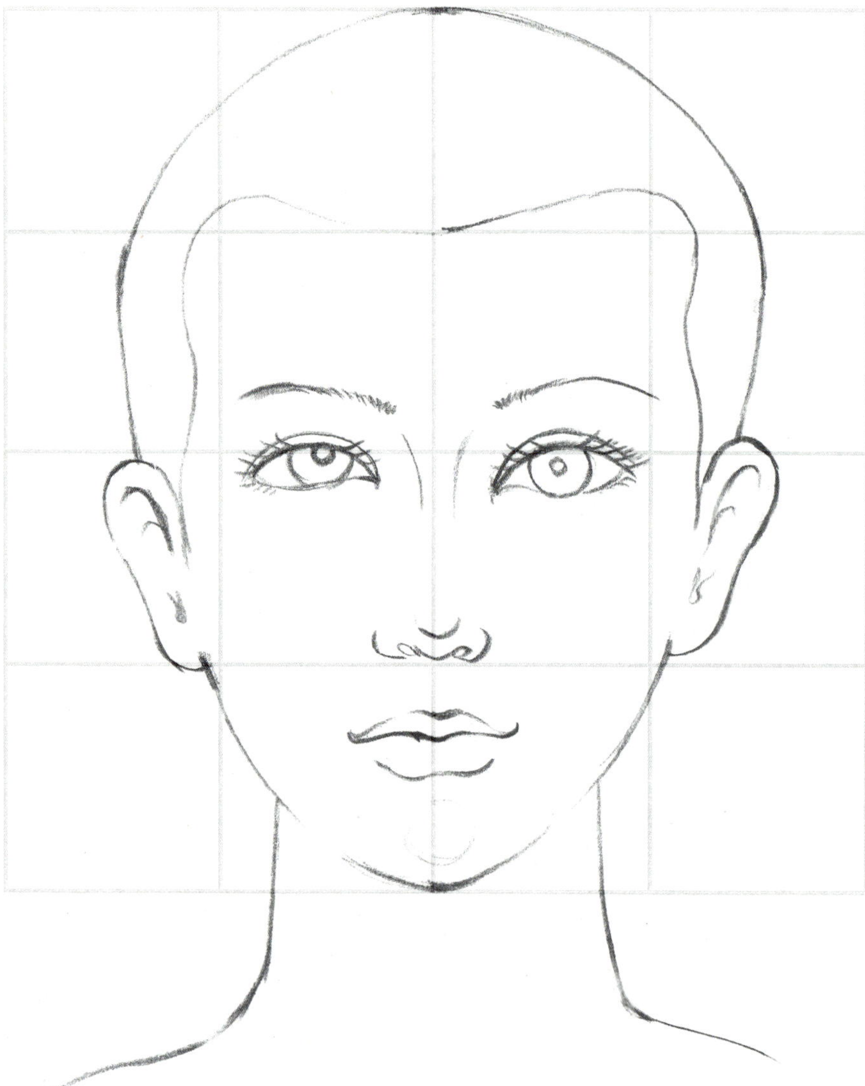

3. 측면도 그리기

얼굴을 측면(side)에서 본 그림으로 두상의 골격을 표현하는데 적절하며 한쪽 측면의 눈, 코, 입을 그려야 하므로 드로잉 방법만 잘 숙지한다면 가장 편하게 활용될 수 있다.

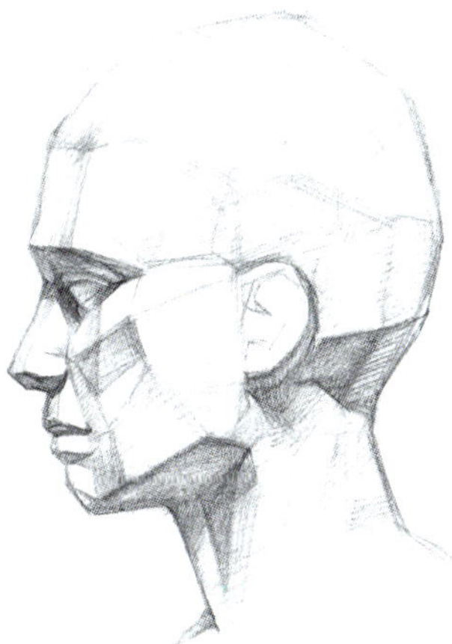

그림 5-3 두상각 정면

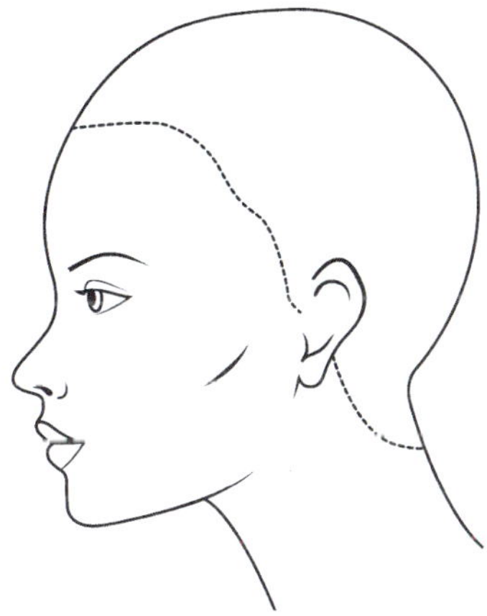

그림 5-4 윤곽 드로잉 정면

*준오아카데미와 함께 헤드시트지개발 및 활용

옆모습은 정면도와 함께 가장 많이 활용되는데 아이디어 스케치, 스타일화, 도해도, 헤어일러스트 등에서 많이 활용되는 드로잉 기법이다. 옆얼굴 형태는 튀어 나오고 들어가는 형태가 사람에 따라 다양한 특징이 있는데 이마, 코, 입, 턱이 대표적이다.

옆모습의 경우 코, 입, 턱 각도가 중요하며 절대적 미남·미녀 얼굴로 표현되는 것이 이상적이다. 보편적으로 코·입술 중간에 위치한 인중은 서양인 일수록 인중이 더 앞쪽에 달려있고 동양인인 경우 인중이 뒤쪽에 달려 있어 코와 입술사이에 각도가 좋게 나온다.

측면도 그리기

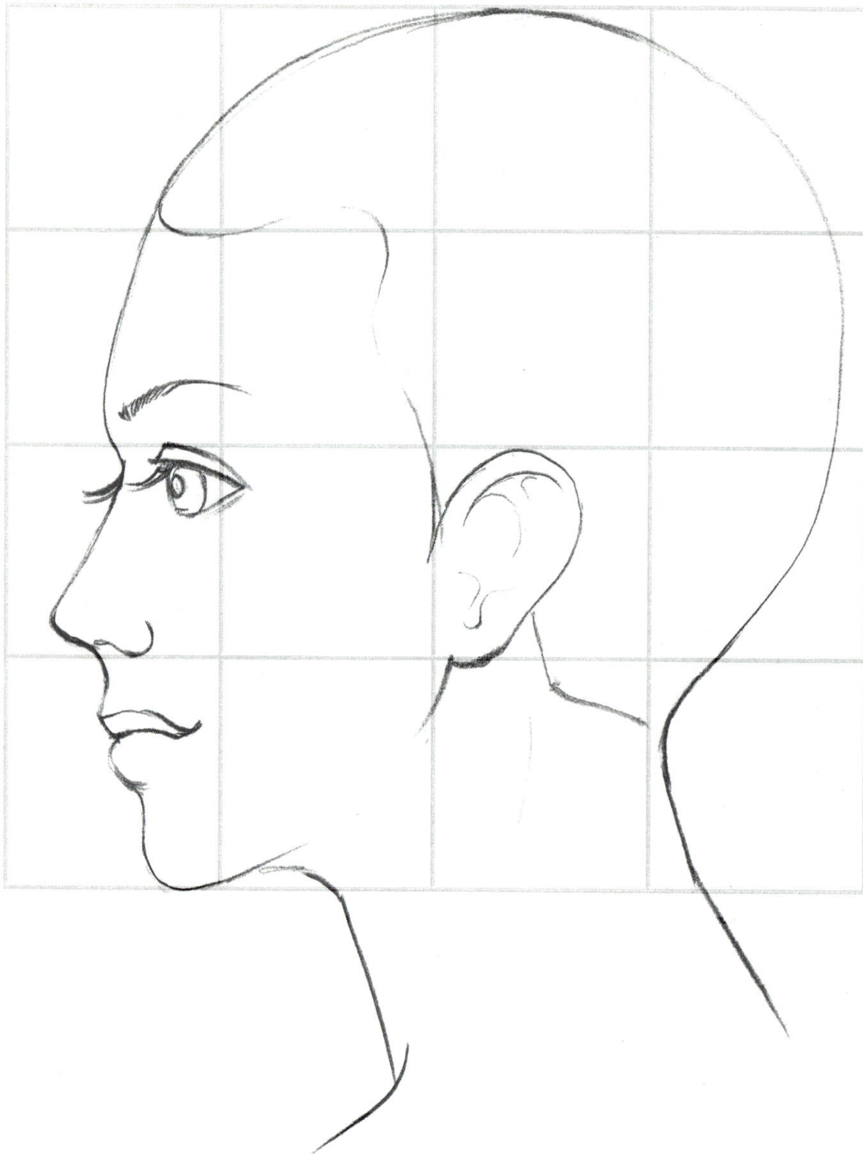

4. 앞면 반측면도 그리기

정면도와 측면도 사이 약 45도 각도 정도의 위치에서 그린 그림으로 입체적인 표현을 나타내고자 할 때 많이 활용된다.

눈썹 뼈 부분인 안와상이 잘 나타나는 부분으로 안와상이 융기된 부분에 따라 발달한 사람은 남성적으로 보이고 발달이 덜 된 사람은 여성적이거나 어려보인다. 안와상 융기와 눈이 깊게 들어가 있는 것은 절대적인 미남 미녀의 척도이며, 동양남자보다 서양남자가 훨씬 유리하다.

기본적으로 서양인은 안와상 융기가 발달하고 눈이 깊게 들어가 있다. 동양인은 안와상 융기가 발달하고 눈이 깊어질수록 미간 콧대가 상대적으로 약해질 수 있다.

코의 경우 미간 콧대의 이상적인 모양은 역삼각형이고 콧대 중간과 코끝으로 이어지는 라인은 중간 콧대가 가장 얇은 모양이 이상적이다. 즉, 자연스러움이 고급스러움이다.

면으로 이루어진 두상 입체와 단순화된 윤곽 드로잉 반측면도

그림 5-5 두상각 정면

그림 5-6 윤곽 드로잉 정면

앞면 반측면도 그리기

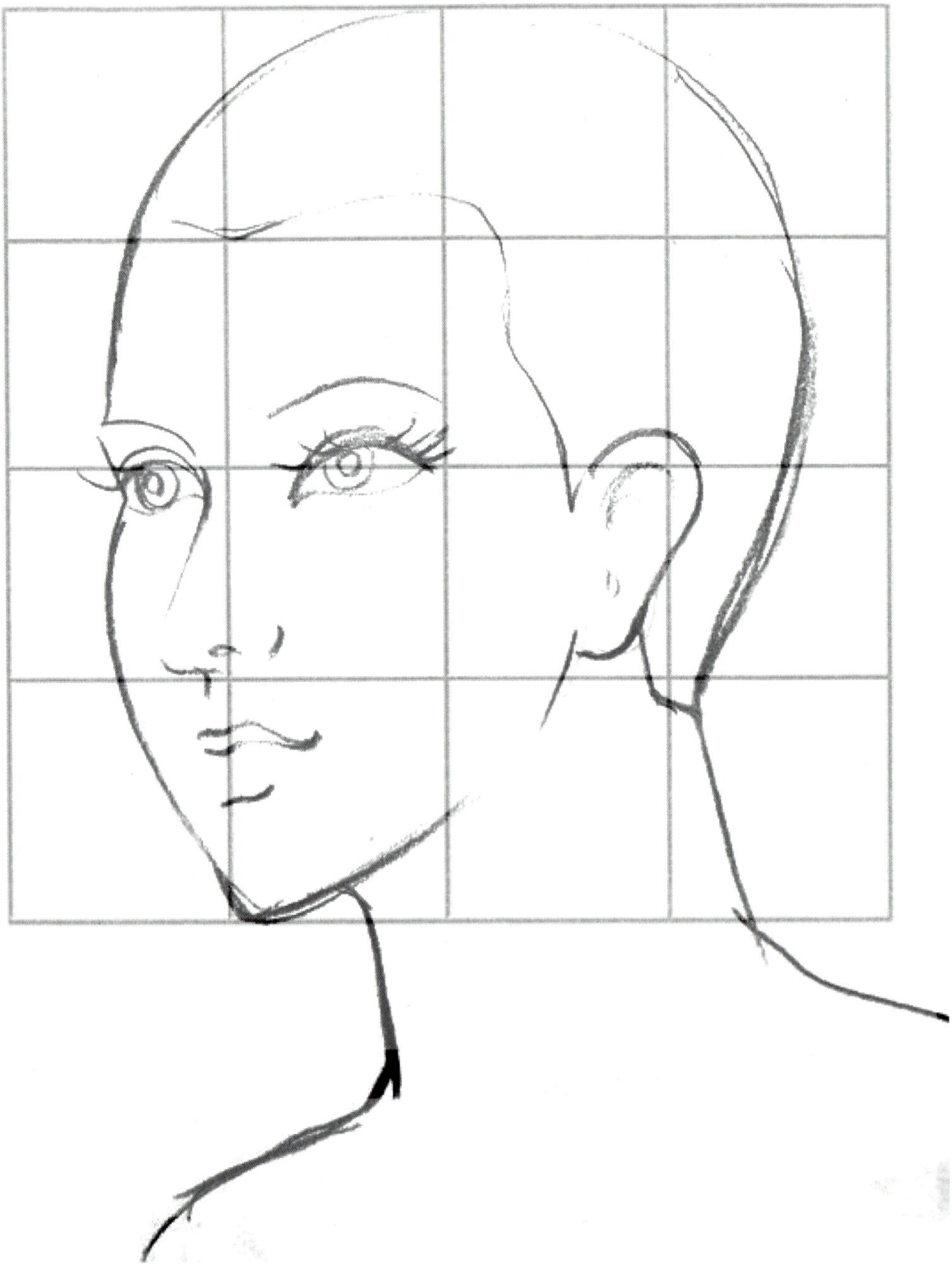

Part 6

헤어스타일 시각화 드로잉

1. 헤어스타일의 스타일 시각화 드로잉
2. 정면도 스타일 그리기
3. 측면도 스타일 그리기
4. 반측면도 스타일 그리기

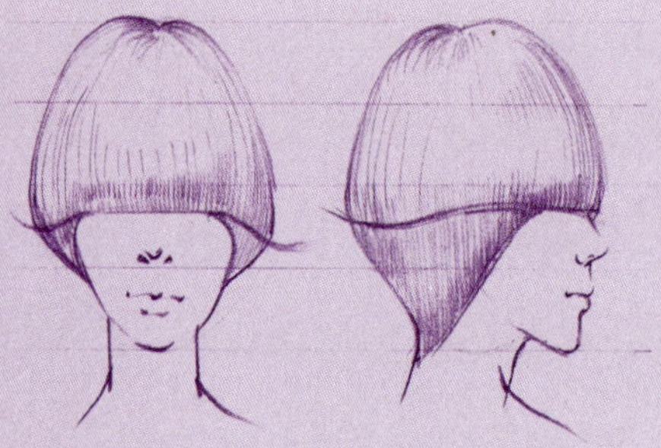

Part 6

헤어스타일 시각화 드로잉

1. 헤어스타일의 스타일 시각화 드로잉

두상의 정면도, 측면도, 반측면도의 드로잉 방법을 알아 봤으니 이제부턴 원랭스, 그라데이션, 레이어의 스타일에 대하여 드로잉 해 보자.

여러분은 이제 미용실에 온 멋진 손님과 헤어스타일 상담을 하는데 컴퓨터나 탭북을 이용하여 고객이 원하는 스타일의 사진을 찾기가 쉽지 않다. 이런 경우 고객과 친근감 있는 상담을 위해 스피드 드로잉을 해야 할 것이다.

1. 사물을 최대한 간략하게 단순화 한다. 그림의 주된 부분을 잘 나타내도록 중요한 부분을 강조한다. 사물을 단순화시키고 경우에 따라 간략한 윤곽선이나 실루엣으로 나타낸다.
2. 주된 사물에 강조점을 주고 최소한의 선으로 형태에 필요한 부분을 나타내야 한다.
3. 디테일을 표현하는 것이 아니라 머리카락의 느낌을 나타내는 것이므로 디테일이 아니고 내가 원하는 스타일을 단순한 선으로 표현한다.

완성된 그림에선 다양한 선의 느낌이 표현되고 풍부한 질감이 나타나는 것이 좋다.

드로잉된 작품의 품격을 높히려면 딱딱하고 두껍고 어두운선, 얇고 날카로운선, 강약이 어우러진 선, 보통 정도 굵기의 선, 엷고 희미한 선 등이 의미있게 사용되어 더욱 생동감 있게 어필되는 것이 좋다. 지우개도 일종의 하얀 연필처럼 다양하게 활용될 수 있다.

연필을 이용하여 헤어스타일을 그렸을 경우 머리카락의 하이라이트를 표현할 때 지우개를 사선으로 반듯하게 커팅하여 뾰족한 면을 사용하고 물감을 사용했을 경우 포스터의 화이트가 적당하다. 다만 지우개는 가급적 최소한으로 사용하는 것을 원칙으로 해야 더욱 돋보일 것이다.

헤어에서 많이 활용되는 두상 그리기는 헤어디자인 시 시술에 대한 설명을 위한 두상 도해도에 많이 활용된다.

앞모습 : 얼굴과 머리카락의 비율
옆모습 : 뒷부분의 비율
뒷모습 : 전체 머리카락 길이와 바디와의 비율을 고려하여 드로잉한다.

2. 정면도 스타일 그리기

그림 6-1

3. 측면도 스타일 그리기

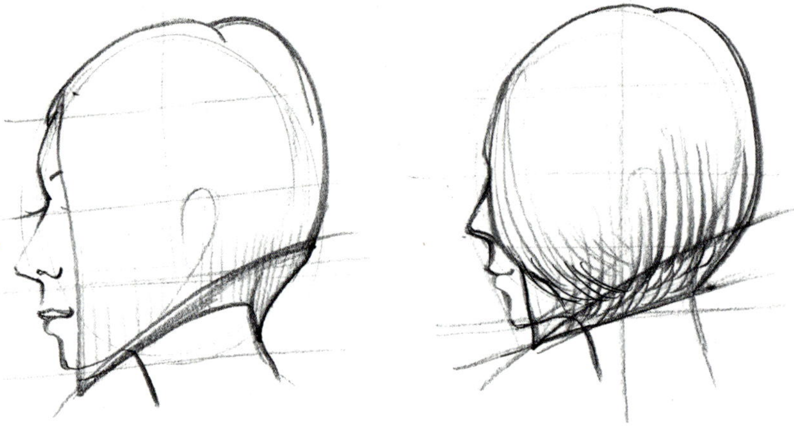

그림 6-2

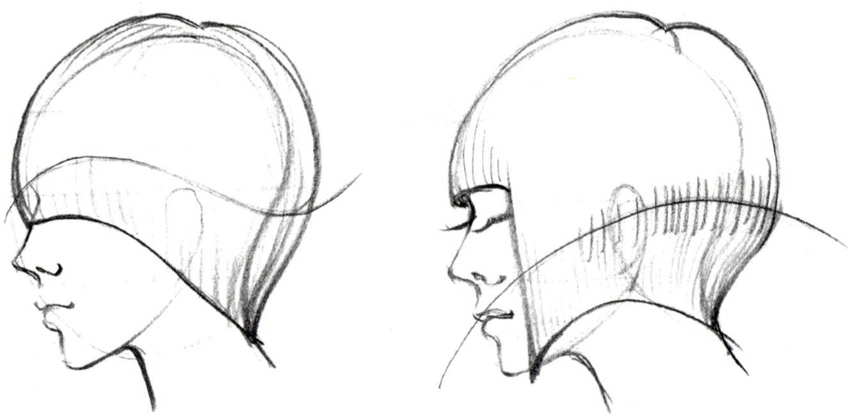

그림 6-3

4. 반측면도 스타일 그리기

그림 6-4

그림 6-5

Part 7

다양한 형태의 스타일 그리기

1. 헤어스타일 드로잉
2. 원랭스 스타일 그리기
3. 그라데이션 스타일 그리기
4. 레이어 스타일 그리기

Part 7

다양한 형태의 스타일 그리기

헤어커트를 강의 하다보면 보드에 인간의 두상과 얼굴을 빨리 그려야 하고 수강생들도 나처럼 그려서 공유하는 것이 같아야 하는데 내가 그린 것과 수강생들이 그린 그림이 너무 달라 내 교육내용을 제대로 알고 있는지 많은 의문이 들었다.

그래서 처음엔 미대에서 배운 대로 면을 강조하는 뎃생처럼 그렸는데 이는 선을 강조하는 우리 미용인들에게는 맞지 않았다. 그래서 고민하고 있던 중 크로키로 인물 드로잉을 해서 선물해 주는 지인분의 그림을 접하고 나도 크로키처럼 선으로 그리는 방법을 연구하였다.

그 결과 스피드 드로잉을 그리게 되었는데 배우는 학생들이 쉽게 따라오지 못하는 것이 문제였다. 그래서 내가 그린 드로잉 기법을 메뉴얼화하기 시작하여 사물을 면에서 선으로 단순화하여 그리는 방법을 나름대로 정리해 보았다.

따라서 아래의 정면도, 측면도, 반측면도를 잘 그리고 나면 이를 바탕으로 더 단순화하는 방법을 익혀야 한다. 그렇지 않고 바로 단순화 드로잉을 하면 정확한 두상에 대해 알지 못한 상태에서 드로잉 하기 때문에 정확도가 많이 떨어져 모든 요소가 적재적소에 들어가지 못하는 경우가 나타날 수 있다.

1. 헤어스타일 드로잉

헤어스타일 그리기

헤어스타일을 드로잉 할 땐 내가 하고자 하는 스타일를 아름답게 그리는 것도 중요하지만 몇가지 유의해서 그려야 한다. 모류와 모량, 모질, 버릇모에 따라 스타일에 제한이 따르기 때문에 사전에 꼭 체크를 한다.

대상이 입체이기 때문에 원근법과 입체감을 살려야 하고 탑에서 머리카락이 떨어지는 위치와 네이프의 길이를 확인하면서 드로잉 해야한다.

헤어디자이너는 길이에 매우 민감해야 하며 긴머리의 롱 헤어를 표현할 땐 긴 선으로 숏 커트 일땐 짧은 선으로 모발이 웨이브나 컬이 있을 땐 곡선으로 표현한다.

측면도 스타일 그리기

우리가 흔히 만화에서 보는 캐릭터의 옆모습은 바로 잘생긴 서양인을 기준으로 한 것이다. 쉽게 말해서 동양인은 입이 돌출되고 하관이 발달되었는데 서양인은 매우 매끄럽게 곡선을 이루고 있다. 매우 분한 일이지만 기본적인 골격의 형상과 발달정도에서 엄청난 차이를 보여준다. 보통 사람들이 미남미녀라고 인식되는 사람들은 서양인의 골격에 가까운 경우가 많다.

여자는 입술을 좀 도톰하게 하고 앞뒤로 돌출이 많게 하며, 남자는 좀 납작하게 하고 입술도 얇게 한다. 전에 본 바와 같이 안면과 이마/머리통의 비율로 어른(남자)과 어린이(여자)의 차이가 생긴다.

짙은 맴색으로 헤어컬러가 나양해시고 있어 헤어스타일에 컬러를 넣어야 할 경우 색연필이나 수채화 물삼을 사용하는 것이 적절하다.

2. 원랭스 스타일 그리기

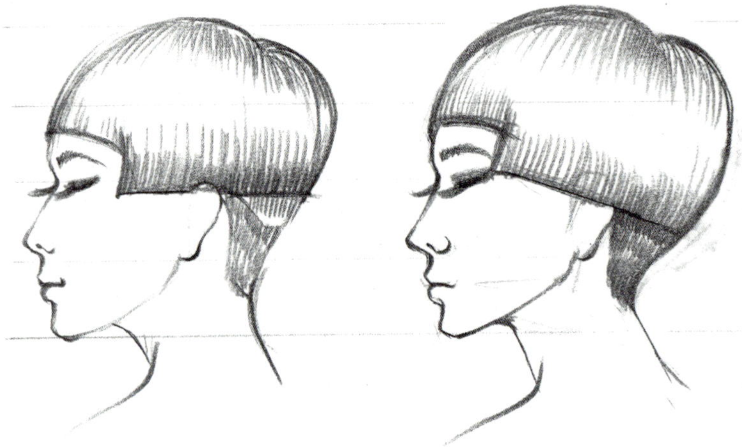

그림 7-1

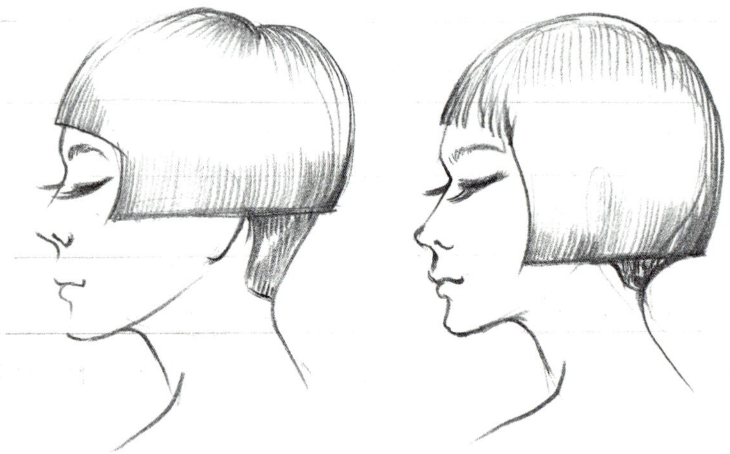

그림 7-2

그림 7-3

3. 그라데이션 스타일 그리기

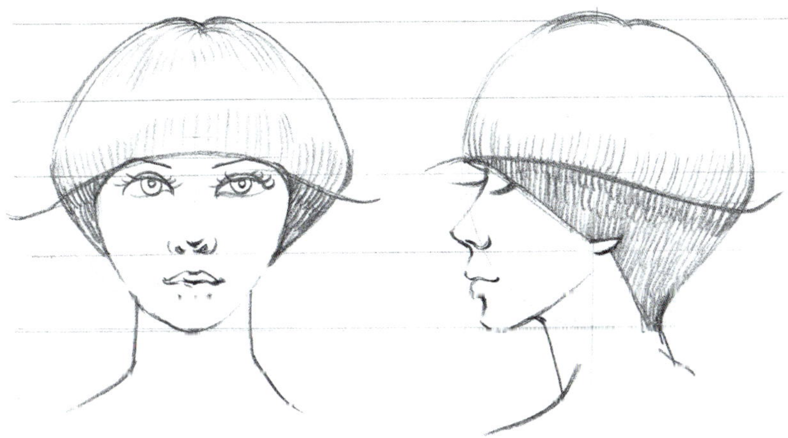

그림 7-4

그림 7–5

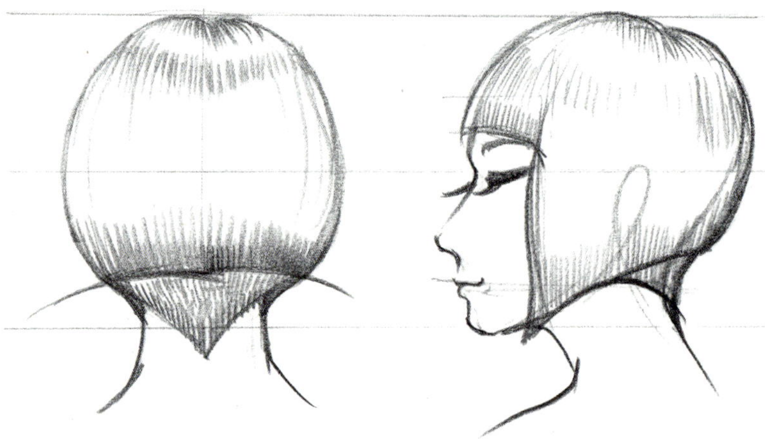

그림 7–6

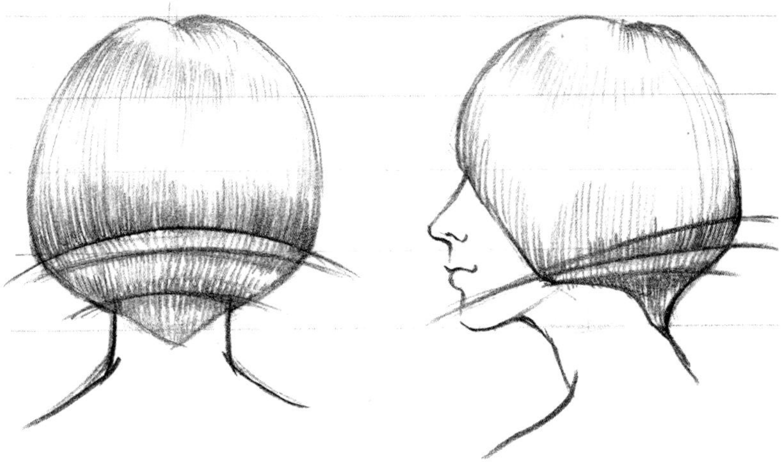

그림 7-7

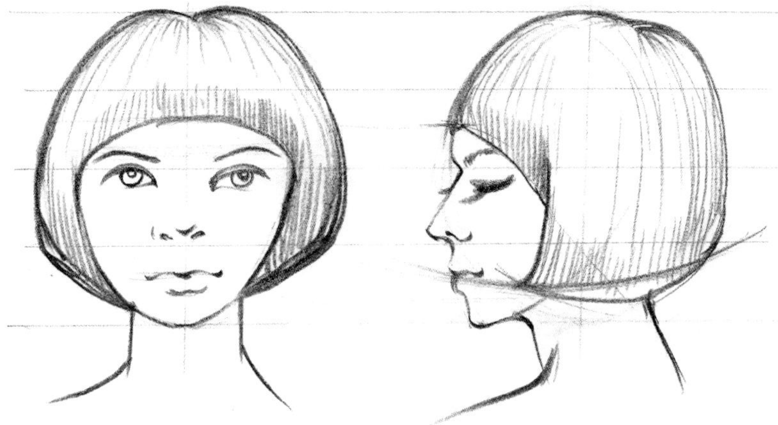

그림 7-8

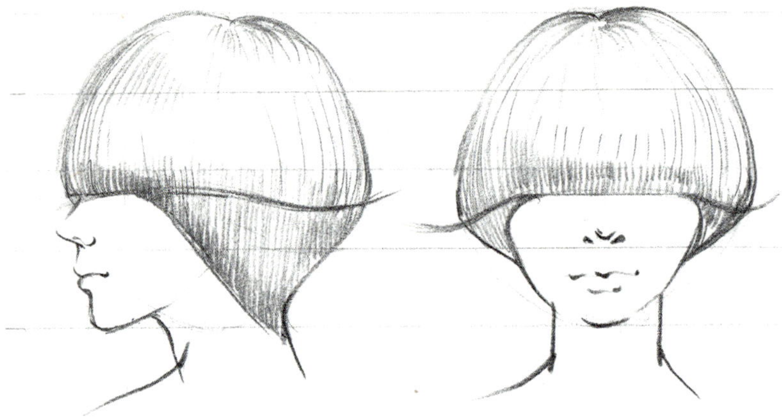

그림 7-9

4. 레이어 스타일 그리기

그림 7-10

그림 7-11

그림 7-12

Epilogue

지금까지 여러분은 태어나면서 죽는 순간까지 평생 인간의 얼굴과 헤어스타일을 보게 된다. 본 교재에서는 두상을 그리고 그 위에 헤어스타일을 표현하는 방법을 배웠다. 또한 사물을 면에서 선을 이용하여 짧은 머리에서 긴머리까지 스타일을 단순화 시키는 방법을 배웠다.

그림 7-13

두상과 함께 눈썹, 눈, 코 입, 귀에서 머릿결까지 단순화시켜 불필요한 디테일은 생략하는 방법을 제시하였다. 물론 이보다 더 단순화시키는 방법을 다음 책에서 제시하고자 한다.

중요한 부위나 형태만 단순화하여 그리면 헤어스타일을 표현하는 데 한층 도움이 될 것이다.

신속하게 그리는 능력으로 고객의 마음을 사로잡는 기법을 기억하라. 우리가 독서를 하는 데 속독법이 있어 빠른 시간안에 책의 내용을 파악할 수 있다면 우리에겐 스피드 드로잉을 통해 내가 원하는 스타일을 돋보이게 하고 신속한 시각화로 커뮤니케이션 하는 데 엄청난 도움이 될 것이다. 드로잉에 익숙하지 못한 사람은 신속하고 빠른 드로잉을 믿기 힘들 것이다.

하지만 스피드 드로잉을 계속 반복 훈련한 사람이라면 이미 수없이 그려서 별 생각 없이도 자연스럽게 헤어일러스트를 그리게 될 것이다.

머릿속에 가상의 그림을 저장해 놓으면 스탬프로 찍어내듯이 쉽게 헤어일러스트를 그릴 수 있다. 잡지 등에서 다른 사람의 스타일을 수집해 놓으면 머릿속에 스타일을 발전시키는 데 도움을 준다.

스피드 드로잉으로 하는 시각화는 어떤 개념이나 메시지를 전달하는 데 이용되는 것이지 그 자체가 목적이 아니다. 이것은 작품이라기보다는 상호 간의 커뮤니케이션의 수단이다.

부록

Front
Side
Back

2015년 명지전문대 뷰티아트과 헤어전공 학생들 작품

수빈

참고문헌

- "실내건축 디자인 입문", 윤재은, 도서출판 국제, 1998.
- "공간디자인과 조형연습", 함정도·손유찬, 기문당, 2003.
- "디자인 제도", 민경우, 미진사, 1982.
- "미용장 실기", 사단법인 한국미용장협회, 청구문화사, 2009.
- "헤어스컬프춰 레이디즈·여성컷 한국어판", PIVOT POINT S.A.
- "커트 전개도 초 입문", Bond HAIR-MAKE UP 西田, 髮書房, 2006.

찾아보기

ㄱ

ㄴ

ㄷ

ㄹ

ㅁ

ㅂ

ㅅ

ㅇ

ㅈ

ㅊ

ㅋ

ㅌ

ㅎ

INDEX

허브 일러스트레이션

2016년 03월 20일 초판 인쇄
2016년 03월 25일 초판 발행

저 자 이 기 명
발행인 주 병 오
펴낸곳 메디시인

주소 경기도 파주시 회동길 209
파주출판문화정보산업단지
영업팀 031-955-7566·7577
편집디자인팀 031-955-7731
FAX 031-955-7730
홈페이지 www.ji-gu.co.kr
이메일 jigupub@hanmail.net
등록번호 1979년 7월 13일 제 9-57호
ISBN 978-11-86739-17-4

본서의 무단복제 또는 복사는 저작권법
침해이오니 절대 삼가시기 바랍니다.